职业技术·职业资格培训教材

育婴师

YUYINGSHI

（五级）第2版

主　编　赵嘉然
编　者　（按姓氏笔画排序）
孔惠敏　史静敏　陆雪琦　章　煜
主　审　许积德　丁　昀

中国劳动社会保障出版社

图书在版编目(CIP)数据

育婴师：五级/人力资源和社会保障部教材办公室等组织编写．—2 版．—北京：中国劳动社会保障出版社，2015

1 + X 职业技术 · 职业资格培训教材

ISBN 978-7-5167-2071-4

Ⅰ. ①育…　Ⅱ. ①人…　Ⅲ. ①婴幼儿-哺育-职业培训-教材　Ⅳ. ①TS976. 31

中国版本图书馆 CIP 数据核字(2015)第 208303 号

中国劳动社会保障出版社出版发行

（北京市惠新东街 1 号　邮政编码：100029）

*

三河市华骏印务包装有限公司印刷装订　新华书店经销

787 毫米 × 1092 毫米　16 开本　9 印张　162 千字

2015 年 9 月第 2 版　2017 年 9 月第 5 次印刷

定价：25. 00 元

读者服务部电话：（010）64929211/64921644/84626437

营销部电话：（010）64961894

出版社网址：http://www.class.com.cn

内容简介

本教材由人力资源和社会保障部教材办公室、中国就业培训技术指导中心上海分中心、上海市职业技能鉴定中心依据上海 1 + X 育婴师（五级）职业技能鉴定细目组织编写。教材从强化培养操作技能、掌握实用技术的角度出发，较好地体现了当前最新的实用知识与操作技术，对于提高从业人员基本素质，掌握育婴师（五级）核心知识与技能有直接的帮助和指导作用。

本教材在编写中根据本职业的工作特点，以能力培养为根本出发点，采用模块化的编写方式。全书共分为 4 章，内容包括：育婴师的职业道德、生活照料、保健与护理、教育。

本教材可作为育婴师（五级）职业技能培训与鉴定考核教材，也可供全国中、高等职业技术院校相关专业师生参考使用，以及本职业从业人员培训使用。

改版说明

《1+X职业技术·职业资格培训教材——育婴师（国家职业资格五级）》自2006年出版以来，因其针对育婴师（五级）职业特点，集知识性、专业性、可操作性为一体，在培训使用中，受到广大育婴师（五级）职业人员的欢迎，发行量不断攀升，为各级培训机构认可，认定为较好的培训教材之一。

婴幼儿的健康成长不仅关系到个人和家庭的幸福，也关系到国家的未来，始终受到家庭和社会的关注。为适应全社会对婴幼儿保健和教育需求的不断提高，经研究拟对现有培训教材作相应改版。第2版教材在继续强调“基础理论、基本知识、基本操作”重要性的同时，吸收了国内外有关婴幼儿保健和教育的最新理论和最新知识，对教材原有章节进行了增删。

第2版教材更加系统、科学、实用，不仅是育婴师（五级）从业人员的职业技能培训教材，也可供中、高等职业院校师生及相关从业人员进行岗位培训、就业培训使用，也可以为家庭教育和科学育儿作参谋指导。

本教材中部分插图由沈雯洁绘制，特此表示感谢！

上海市优生优育科学协会会长　赵嘉然

2015年9月

前　言

职业培训制度的积极推进，尤其是职业资格证书制度的推行，为广大劳动者系统地学习相关职业的知识和技能，提高就业能力、工作能力和职业转换能力提供了可能，同时也为企业选择适应生产需要的合格劳动者提供了依据。

随着我国科学技术的飞速发展和产业结构的不断调整，各种新兴职业应运而生，传统职业中也愈来愈多、愈来愈快地融进了各种新知识、新技术和新工艺。因此，加快培养合格的、适应现代化建设要求的高技能人才就显得尤为迫切。近年来，上海市在加快高技能人才建设方面进行了有益的探索，积累了丰富而宝贵的经验。为优化人力资源结构，加快高技能人才队伍建设，上海市人力资源和社会保障局在提升职业标准、完善技能鉴定方面做了积极的探索和尝试，推出了1+X培训与鉴定模式。1+X中的1代表国家职业标准，X是为适应经济发展的需要，对职业的部分知识和技能要求进行的扩充和更新。随着经济发展和技术进步，X将不断被赋予新的内涵，不断得到深化和提升。

上海市1+X培训与鉴定模式，得到了国家人力资源和社会保障部的支持和肯定。为配合1+X培训与鉴定的需要，人力资源和社会保障部教材办公室、中国就业培训技术指导中心上海分中心、上海市职业技能鉴定中心联合组织有关方面的专家、技术人员共同编写了职业技术·职业资格培训系列教材。

职业技术·职业资格培训教材严格按照1+X鉴定考核细目进行编写，教材内容充分反映了当前从事职业活动所需要的核心知识与技能，较好地体现了适用性、先进性与前瞻性。聘请编写1+X鉴定考核细目的专家，以及相关行业的专家参与教材的编审工作，保证了教材内容的科学性及与鉴定考核细目以及题库的紧密衔接。

职业技术·职业资格培训教材突出了适应职业技能培训的特色，使读者通过学习与培训，不仅有助于通过鉴定考核，而且能够有针对性地进行系统学习，真正掌握本职业的核心技术与操作技能，从而实现从懂得了什么到会做什么的飞跃。

职业技术·职业资格培训教材立足于国家职业标准，也可为全国其他省市开展新职业、新技术职业培训和鉴定考核，以及高技能人才培养提供借鉴或参考。

新教材的编写是一项探索性工作。由于时间紧迫，不足之处在所难免，欢迎各使用单位及个人对教材提出宝贵意见和建议，以便教材修订时补充更正。

人力资源和社会保障部教材办公室
中国就业培训技术指导中心上海分中心
上 海 市 职 业 技 能 鉴 定 中 心

目　录

第 1 章

育婴师的职业道德

第1节 育婴师的职业性质和定位

一、育婴师职业的基本情况

1. 育婴师职业产生的背景

育婴师是适应我国社会发展需要而产生的一种新职业，是社会发展的结果。

据统计，我国目前已有1 800多种职业，新兴职业有逐年增加的趋势。育婴师职业的产生是社会分工越来越细的结果。

（1）我国每年新出生人口约2 000万，上海市近年来一直保持在每年20万人以上，国家关于“二孩”政策的出台，新生儿的出生数还会呈上升趋势。由于婴幼儿年龄特点的制约，3岁以下婴幼儿入托率较低，90%以上的婴幼儿都是在家中进行养育。

（2）承担照料婴幼儿的人，主要是母亲。但相当数量的女性因为工作或者是第一次当母亲，缺少经验，因此，多数需要家中老人或聘请保姆协助抚养。这些协助抚养的人员生活习惯、养育技能各不相同，需要接受科学喂养和正确教育方法的学习和指导，以满足婴幼儿生长发育的需要。

（3）在现代社会环境下，家长“望子成龙”“望女成凤”的愿望非常迫切，需要在思想观念和教育方法上给予正确的引导和帮助。

（4）科学的飞速发展，对脑功能的开发提前至零岁。

（5）未来社会对人才的要求，使早期教育越来越受到国内外的重视和关注，已经成为实现社会可持续发展的一项战略任务。

鉴于以上社会背景，育婴师已经成为一种新的职业。

随着社会的进步和高新技术的发展、家庭生活水平的不断提高、生活节奏的日益加快，需要不断完善和强化社区服务的功能，提高社区服务组织化和家务劳动社会化的服务水平。育婴师既不同于家庭保姆，又不同于托幼机构中的保育员，而是在家庭、社区和早期教育机构中为0～3岁婴幼儿综合发展提供全方位服务和指导的专业人员，因此，同样承担着社会责任。

2. 育婴师职业的介绍

育婴师是通过对0～3岁婴幼儿照料、护理和教育的服务，辅助家庭完成科学育儿工作的人员，是适应我国社会发展需要而产生的一种新职业。

育婴师职业将保健、教育两种工作结合起来：既需要承担婴幼儿保健工作，又要担当教育工作，通过日常生活中的活动或游戏来开发婴幼儿的潜能，促进婴幼儿全面发展。

育婴师职业共设四个等级：育婴师（国家职业资格五级）、育婴师（国家职业资格四级）、育婴师（国家职业资格三级）和育婴师（国家职业资格二级）。根据育婴师职业的申报等级规定，凡符合年龄、学历、从业经历要求的人员都可以申报相关的等级。其中，初中文化程度的人员可以申报育婴师（国家职业资格五级）。此外，从事有关婴幼儿的医疗卫生、教育的人员也可根据各自的专业特长，申报有关的等级。

育婴师职业的从业人员经过培训，可以从事与0～3岁婴幼儿有关的工作：育婴师（国家职业资格五级）、育婴师（国家职业资格四级）、育婴师（国家职业资格三级）以进入家庭为主，直接或辅助家长对0～3岁婴幼儿进行教养。育婴师（国家职业资格三级）、育婴师（国家职业资格二级）可以进入社区，进行家庭教养的指导，帮助家长采用科学的方法教养0～3岁婴幼儿；还可以进入集体性的早期教养机构，承担教养人员或培训人员的工作；通过集体性的教养实践，对低级别的育婴师进行业务指导与培训，其中部分资深人员也可以从事育婴行业的管理工作。

二、育婴师的职业性质

1. 职业标准的依据

育婴师职业具有独立的职业标准，这个标准以《中华人民共和国职业分类大典》和《国家职业技能标准——育婴员》的有关要求为依据，以客观反映本职业的水平和对从业人员的要求为目标，对与之相适应的职业功能、工作内容、技能要求和相关知识作出了明确规定。

2. 育婴师职业的教养理念（参照《上海市0～3岁婴幼儿教养方案》）

（1）关爱儿童，满足需求（见图1—1）。重视婴幼儿的情感关怀，强调以亲为先、以情为主，关爱儿童、赋予亲情，满足婴幼儿成长的需求。创设良好环境，在宽松的氛围中，让婴幼儿开心、开口、开窍。尊重婴幼儿的意愿，使他们积极主动、健康、愉快地发展。

（2）以养为主，教养融合。强调婴幼儿的身心健康是发展的基础。在开展保教工作时，应把儿童的健康、安全及养育工作放在首位。坚持保育与教育紧密结合的原则，保中有教，教中重保，自然渗透，教养合一。促进婴幼儿生理与心理的和谐发展。

（3）关注发育，顺应发展。强调全面关心、关注、关怀婴幼儿的成长过程。在教养实践中，要把握成熟阶段和发展过程；关注多元智能和发展差异；关注经验获得的机会和发

图 1—1　育婴师要关爱儿童、满足需求

展潜能。学会尊重婴幼儿身心发展规律，顺应儿童的天性，让婴幼儿能在丰富、适宜的环境中自然发展，和谐发展，充实发展。

（4）因人而异，开启潜能。重视婴幼儿在发育与健康、感知与运动、认知与语言、情感与社会性等方面的发展差异，提倡更多地实施个性化教育，使保教工作以自然差异为基础。同时，要充分认识到人生许多良好的品质和智慧的获得均在生命的早期，必须密切关注，把握机会。要提供适宜刺激，诱发多种经验，充分利用日常生活与游戏中的学习情景，开启潜能，推进发展。

3. 育婴师职业与家长教养的关系

育婴师的工作并不是单纯地替代父母的职责，全权负责 0 ~3 岁婴幼儿的生活和教育。在婴幼儿的照料、教养和促进发展的过程中，只有婴幼儿的父母才负有教养的主要责任，育婴师承担扶持、协助执行父母教养的次要责任。

经过培训与鉴定，各个等级的育婴师能够在婴幼儿的日常生活中，运用育婴的知识和经验，充分、有效地实施科学教养，担当起婴幼儿的生活照料、护理、教育等工作，促进婴幼儿的健康成长。其中高等级的育婴师还可以在社区、有关 0 ~3 岁婴幼儿早期教养机构中，承担对婴幼儿家长的指导、咨询等工作。

育婴师的工作不能代替父母的责任，但育婴师通过他们的工作，能够促进家庭中父母与婴幼儿良好亲子关系的建立与发展。因此，育婴师必须加强和婴幼儿家长的联系，建立良好的关系，增进沟通和了解，取得良好的合作。

三、育婴师的基本条件

根据育婴师的职业标准，各等级的从业人员必须具备年龄、学历、身体、心理、品德、社会性能力、基本素养等方面的基本条件。

1. 年龄与学历

育婴师的年龄为 18 ~55 周岁，具有初中及以上学历的人员都可以参加各等级的职业培训。

2. 身体与心理（见图 1—2）

婴幼儿正处于生长发育的重要时期，容易感染疾病，育婴师和婴幼儿朝夕相处、密切接触，他们自身的身体健康与否、有无良好的卫生习惯，将直接影响婴幼儿的身体健康。因此，育婴师要定期进行体检，取得体检合格的证明才能工作。

图 1—2　育婴师要有健康的身体和良好的心态

育婴师从事的是脑力和体力相结合的工作，既要料理婴幼儿的日常生活，又要在日常的生活中注意开发他们的潜能，还要针对不同的婴幼儿设计并实施不同的教养工作。因此，育婴师需要花费大量的精力和体力，这就需要具有健康的身体和良好的心态，才能胜任面对婴幼儿的工作，才能始终保持对婴幼儿有质量、有标准的工作状态。

3. 爱心、耐心和责任心（见图 1—3）

育婴师面对的是 0 ~3 岁婴幼儿，这些婴幼儿的发育尚未完成，行为和情绪反复多变，语言表达能力、情绪控制能力都处于发展过程中，因此，他们有时天真可爱，有时吵闹任性，还有的婴幼儿听不懂指令性的语言，去危险的地方玩耍，给育婴师的工作带来很大的麻烦。这些情形每位婴幼儿都会出现，每位育婴师也都会遇到。当婴幼儿发生行为和情绪问题时，育婴师要用爱心去体谅他们，理解他们是尚未成熟的孩子；用耐心去安抚他们，给予他们更多的呵护；用责任心来引导他们，找出他们的困难和问题。只有这样，育婴师才能完成自己的工作。

图1—3　育婴师要充满爱心、耐心和责任心

4. 良好的语言表达及沟通能力（见图1—4）

由于育婴师的工作对象是0～3岁婴幼儿及其家庭成员，所以还要求育婴师在日常工作中会说普通话，能口齿清楚地与人交流，把所学的知识和经验运用到日常的工作中。

语言是人与人沟通的基本工具。0～3岁是婴幼儿语言发展的关键时期，育婴师的语言是否丰富、是否准确，直接关系到婴幼儿语言模仿与发展的程度。育婴师面对婴幼儿及其家长，需要和家长交流，领会家长的意图，商讨教养的方法，同时也需要通过语言交流，沟通彼此的情感。

图1—4　育婴师要具有良好的语言表达及沟通能力

育婴师来自全国各地，他们习惯使用自身的方言，而婴幼儿的父母也有地区的差异和语言的差异。如果育婴师在与婴幼儿语言交流时采用不同的方言，可能会造成婴幼儿心理的困扰，出现婴幼儿开口困难、语言表述产生障碍的状况。

因此，使用普通话正确地表达表述，能避免类似情况的发生，使婴幼儿与育婴师的语言交流和理解达成一致，帮助婴幼儿发展语言能力。

5. 善于观察、规范操作，能胜任本职工作（见图 1—5）

在婴幼儿的成长过程中，他们的发展历程及其行为表现具有鲜明的个体差异。由于此阶段的婴幼儿语言表达能力不强，他们的需要、他们的问题无法用语言表述出来，需要育婴师凭借理论知识和实践经验，在日常养育过程中随时敏锐观察、正确判断、及时反应。如果情况十分危急，必须采取相应措施，以避免意外情况的发生。

育婴师的工作实践性很强，婴幼儿的健康成长有赖于育婴师的日常操作。因此，育婴师的规范操作至关重要。育婴师要严格遵守各项清洁消毒、卫生保健制度，以确保婴幼儿生活环境的整洁、安全、卫生、舒适。

图 1—5　育婴师要善于观察记录和规范操作

由于每个婴幼儿个体差异各不相同，育婴师的专业学习不能仅仅局限于职业培训。育婴师职业具有比较宽泛的理论知识和实际应用的基础知识，包括涉及婴幼儿生理和心理发展的理论、教育理论、婴幼儿保健知识等。而这些理论知识及其应用知识又是随着社会的不断发展而不断更新、不断发展递进的，这都需要育婴师能够善于学习，不断总结经验，并把它们应用于工作实践中，真正胜任本职工作。

四、育婴师的工作职责

工作职责又称岗位职责，规定了一个工作岗位的主要工作内容和对适岗人员的基本工作要求。工作职责的产生，是建立在对该工作岗位的工作内容分析的基础上，通过抽象地将该工作岗位的工作内容细分为若干项单列的工作任务，以条款的形式将这些细分工作任务依照一定的规律排列出来。对于适岗人员来说，工作职责说明的是该岗位是“做什么”的，即适岗人员应该从事哪些工作。

育婴师是专门从事0～3岁婴幼儿生活照料、护理、教育、辅助家长的人员。根据职业标准的描述，他们的工作职责由于等级的不同，被分为五大部分：生活照料、日常生活保健与护理、教育、指导与培训和业务管理，见表1—1。

表1—1　育婴师职业工作内容一览表

职业功能	工作内容			
	育婴师（国家职业资格五级）	育婴师（国家职业资格四级）	育婴师（国家职业资格三级）	育婴师（国家职业资格二级）
1. 生活照料	（1）饮食与营养 （2）睡眠、大小便、三浴锻炼 （3）包裹、穿脱衣服和抱孩子 （4）清洁卫生	（1）饮食与营养 （2）睡眠、大小便、三浴锻炼 （3）清洁和消毒	（1）饮食与营养 （2）睡眠、大小便 （3）传染病的消毒	营养学知识的运用
2. 日常生活保健与护理	（1）生长发育 （2）预防接种 （3）常见疾病护理 （4）意外伤害的预防与处理	（1）生长发育 （2）预防接种 （3）常见疾病护理 （4）发育异常与偏离的早期发现 （5）意外伤害的预防与处理	（1）常见疾病护理 （2）常见发育行为问题识别 （3）意外伤害及家庭急救	（1）常见疾病护理 （2）了解儿童康复治疗的基础知识与方法
3. 教育	（1）动作与运动能力培养 （2）语言、感知与认知能力的培养 （3）良好情感与社会性行为的培养	（1）动作与运动能力培养 （2）语言、感知与认知能力的培养 （3）良好情感与社会性行为的培养	（1）动作与运动能力培养 （2）语言、感知与认知能力的培养 （3）良好情感与社会性行为的培养	（1）了解民族与宗教知识 （2）掌握科研方法
4. 指导与培训		家长指导	（1）家长指导 （2）业务培训	（1）分层、分类指导 （2）业务培训

续表

职业功能	工作内容			
	育婴师（国家职业资格五级）	育婴师（国家职业资格四级）	育婴师（国家职业资格三级）	育婴师（国家职业资格二级）
5. 业务管理	—	—	—	（1）业务标准的制定与评估 （2）业务技术的更新与开发

注：育婴师（国家职业资格五级）的工作职责仅需要前三项，育婴师（国家职业资格四级）的工作职责增加了“指导与培训”中的“家长指导”的内容，育婴师（国家职业资格三级）的工作职责增加了“指导与培训”的内容，育婴师（国家职业资格二级）的工作职责增加了“业务管理”。

第2节　育婴师的职业道德规范和工作常规

一、职业道德的含义及其意义

育婴师是以“育人”为工作内容的特殊职业，育婴师职业标准对育婴师“基本要求”的第一项就是职业道德，其工作质量的优劣、工作水平的高低，直接关系到家庭的幸福、国家的前途和民族的命运。因此，职业道德既是育婴师必须具备的素质，也是育婴师必须掌握的基本知识。

1. 道德的分类

人们的生活可以分为三大领域，即社会生活领域、职业生活领域和家庭生活领域。与之相适应，也就形成了社会公德、职业道德和家庭美德。三个不同的领域，具有不同的道德标准。三者既有区别又有联系，是互为补充、相辅相成的关系。社会公德是家庭美德、职业道德的基础，家庭美德、职业道德又是社会公德在家庭领域和工作领域的具体表现。

2. 职业道德的含义

职业道德是指从事一定职业的人，在工作或劳动过程中，所应该遵循的与其职业活动紧密联系的道德规范的总和。为了确保职业活动的正常进行，必须建立调整职业活动中发生的各种关系的职业道德规范。职业道德与职业是密不可分的。

3. 良好职业道德的意义

良好的职业道德是做好工作的基础，对于从事各行各业的人来说，都要从本职业特点出发，从服务态度、服务意识、服务质量、服务水平等方面提出职业道德的相关要求，制定爱岗敬业、服务群众、奉献社会、诚实守信、礼貌待人、遵纪守法等行为准则。学习和掌握社会主义道德和职业道德的基本知识，不仅对社会主义精神文明和物质文明建设有重要作用，而且对从业人员提高自身素质、增强在职业活动中的竞争能力也具有重要意义。

（1）职业道德具有纪律的规范性。职业道德规范对从业人员的劳动态度、职业责任、服务标准、操作规程、职业纪律等方面都有明确的规定，如有违反，还要受到一定的行政纪律处分和经济制裁。

（2）职业道德具有行为的约束性。职业道德运用职业道德规范约束职业内部人员的行为，促进职业内部人员的团结与合作。一方面，职业道德规范要求各行各业的从业人员都要团结互助、爱岗敬业、齐心协力地为发展本行业、本职业服务；另一方面，职业道德又可以调节从业人员和服务对象之间的关系。

（3）职业道德有助于维护和提高本行业的信誉。从业人员职业道德水平高是产品质量和服务质量的有效保证。若从业人员职业道德水平不高，则很难生产出优质的产品，提供优质的服务。

行业的发展有赖于高的经济效益，而高的经济效益则源于高的员工素质。员工素质主要包含知识、能力、责任心，其中责任心是最重要的。所以职业道德水平高的从业人员其责任心也很强。因此，职业道德能促进本行业的发展。

二、职业道德的内容

职业道德的内容十分丰富，可以通过人们的职业活动、职业关系、职业态度、职业作风以及社会效果表现出来。它既是对本职业从业人员在职业活动中行为的要求，也是职业对社会所负的道德责任与义务。从事某种特定职业的人，有着共同的劳动方式，接受共同的职业训练，因而形成与职业活动和职业特点密切相关的观念、兴趣、爱好、传统心理和行为习惯，结成某种特殊关系，形成独特的职业责任和职业纪律，从而产生特殊的行为规范和道德要求。各行各业都有自己的职业道德，如做官有“官德”，教书有“师德”，行医有“医德”。

职业道德是和职业生活密切联系在一起的。由于职业特点的不同，在职业活动中形成特定的交往关系，形成了不同的行为规范。职业道德在调节的范围上只适用于本职业的人员。

职业道德不仅是从业人员在职业活动中的行为标准和要求，而且还是本行业对社会所承担的道德责任和义务。职业道德是社会道德在职业生活中的具体化。

根据国家关于“大力倡导爱岗敬业、诚实守信、办事公道、服务群众、奉献社会的职业道德”的要求，并结合育婴师职业的特点，对从业人员提出如下职业道德行为规范：

1. 爱岗敬业、优质服务

爱岗敬业、优质服务是社会主义职业道德最重要的体现，是对从业人员的最基本要求。

（1）爱岗就是热爱自己的工作岗位，热爱本职工作，亦称热爱本职。爱岗是对人们工作态度的一种普遍要求。每个岗位都承担着一定的社会职能，都是从业人员在社会分工中所扮演的一个公共角色。在现阶段，就业不仅意味着以此获得生活来源，还意味着有了一个社会承认的正式身份，能够履行社会的职能，掌握一种谋生手段。热爱本职，就要求育婴师以正确的态度对待本职业的劳动，努力培养热爱自己所从事工作的幸福感、荣誉感。一个人一旦爱上了自己的职业，他的整个身心就会融合进职业工作中，就能在平凡的岗位上做出不平凡的事业。

（2）敬业就是用一种严肃的态度对待自己的工作，勤勤恳恳、兢兢业业、忠于职守、尽职尽责。中国古代思想家就提倡敬业精神，孔子称之为“执事敬”，朱熹解释敬业为“专心致志，以事其业”。

目前，敬业包含两层含义：一是谋生敬业。许多人是抱着强烈的挣钱养家、发财致富的目的对待职业的。这种敬业道德因素较少，个人利益色彩较多。二是真正认识到自己工作的意义敬业，这是高一层次的敬业，这种内在的精神才是鼓舞人们勤勤恳恳、认真负责工作的强大动力。

育婴师面对 0～3 岁婴幼儿，非常活泼好动，但体能和智能还没有达到成熟的程度，很容易惹出麻烦；生活上又很依赖育婴师，常常使育婴师费心、费力。况且带养婴幼儿需要极大的责任心，需要调整自我的心态，认识到工作中遇到的许多困难都是婴幼儿发展过程中的必然现象。

又如，育婴师每天和婴幼儿接触前，要注意更换鞋子，换上清洁的工作服，洗净双手，然后和家长进行交流，在心中做好一日工作的安排。这样的育婴师才能使家长比较信任。

2. 热爱婴幼儿、尊重婴幼儿

0～3 岁是人的一生中生长发育最快的时期，对人一生的生长发育、身体素质、智力和人格发展都将产生重要的影响。有人把婴幼儿教育形象地比喻为一种“根”的教育，只有培育好幼苗，才能长成参天大树，成为国家的栋梁。

（1）热爱婴幼儿必须了解婴幼儿，掌握婴幼儿在不同年龄阶段的生理、心理和行为特点，根据婴幼儿的生长发育规律给予科学的教育和指导。

热爱婴幼儿必须要有爱心、耐心、诚心和责任心，学会站在婴幼儿的角度上考虑问题。只有热爱婴幼儿，才能以饱满的热情投入到实际工作中去，才能全心全意地为婴幼儿和其家长提供最优质的服务。

（2）尊重婴幼儿，主要是尊重婴幼儿生存和发展的权利，尊重婴幼儿的人格和自尊心，用平等和民主的态度对待每一个婴幼儿，满足每一个婴幼儿的合理要求。

了解婴幼儿的发展规律是热爱婴幼儿、尊重婴幼儿的前提，如果真正做到这一点，就不会把婴幼儿看作是“物”，而是看作“人”，即有想法、有感情、需要交流的人。因此，育婴师不能对育婴工作简单了事，而是要在实际操作中和婴幼儿进行情感、语言的交流。

3. 遵纪守法、诚实守信

（1）遵纪守法是每一个从业人员必须具备的最起码的道德要求，也是衡量一个从业人员道德水平高低的标准。

遵纪守法是做好育婴工作的前提。一个具有高尚职业道德品质的人，肯定是一个模范遵守职业纪律的人。要做到遵纪守法，必须经常学习法律知识，做到懂法、用法、依法办事、依法律己、依法指导本职工作，不断增强遵纪守法的自觉性，模范地恪守职业道德守则。

（2）诚实守信是做人的根本，是中华民族的传统美德，也是优良的职业作风。诚实是在职业活动中从业者应严格按照每道工序的操作程序去做，做到诚实劳动。守信是诚实的具体体现。在职业活动中，要遵守信誉，言行一致，表里如一。不轻许诺言，对婴幼儿及其家庭的有关资料要保密、保护个人隐私，才能得到同行和家长的信任，建立人与人之间的和谐关系。

育婴师是直接为婴幼儿、为家长、为社会提供服务的一种“窗口行业”，所以必须用真诚的态度对待工作。无论是对婴幼儿，还是对家长都要以诚相待，为他人着想，以诚实守信的道德品质赢得社会和家长的信任。

三、常规工作

育婴师的日常工作主要有三部分内容：照顾婴幼儿、和婴幼儿做游戏、与家长交流。

1. 照顾婴幼儿（见图 1—6）

照顾婴幼儿包括照顾饮食与喂哺、照料个人清洁卫生、照顾大小便和睡眠、保持婴幼儿生活环境的整洁等。

图 1—6　照顾婴幼儿

2. 和婴幼儿做游戏（见图 1—7）

和婴幼儿做游戏是指进行促进婴幼儿视觉、听觉、触觉方面的游戏，进行讲故事、念儿歌、看图书、唱歌等活动，进行体能方面的游戏，进行涂涂画画、做手工、扮演等游戏或活动。

图 1—7　和婴幼儿做游戏

3. 与家长交流（见图 1—8）

与家长交流主要发生在每天早晨，交流婴幼儿的健康状况、早餐情况，询问有无病痛，进行晨间检查（问、摸、看、查）；与家长交流也发生在晚间离开时，要向家长汇报婴幼儿一天的情况，并且提出后续的照料要求。

上述工作不是完全按部就班，也不是一成不变的，不同年龄段的婴幼儿的作息不同，育婴师需要根据婴幼儿的日常生活秩序安排好一天所有的工作。如果需要进行晚间照顾或者担任夜间工作，要进行调整，与家长及时沟通，建立合理的工作计划。

图 1—8　与家长交流

第 3 节　育婴师的职业保护和相关法规

法律是社会行为的规范和准则，懂得法律知识是公民素质的体现。育婴师必须了解以下知识，并且运用这些法律知识提高自身的工作能力，维护自身的基本权利。

一、公民的权利和义务

1. 公民的基本权利

（1）公民参与政治方面的权利，包括平等权、选举权、被选举权等。

（2）人身自由和信仰自由，包括人身自由、人格尊严不受侵犯、住宅不受侵犯、通信自由和通信秘密受法律保护、宗教信仰自由等。

（3）公民的社会经济、教育和文化方面的权利，包括劳动的权利和义务、劳动者休息的权利、获得物质帮助的权利、受教育的权利和义务、进行科学研究和文学艺术创作以及其他文化活动的自由等。

（4）特定人的权利，包括保障妇女的权利，保障退休人员的权利，保护婚姻、家庭、母亲、儿童和老人，关怀青少年和儿童成长，保护华侨的正当权利等。

2. 公民的基本义务

（1）维护国家统一和各民族团结。

（2）必须遵守宪法和法律、保护国家秘密、爱护公共财产、遵守劳动纪律、遵守公共秩序、遵守社会公德。

（3）保护祖国安全、荣誉和利益。

（4）保卫祖国，依法服兵役和参加民兵组织。

（5）依照法律纳税。

（6）其他方面的义务。

二、《母婴保健法》的相关知识

为了保障母亲和婴幼儿的健康，提高出生人口素质，根据《中华人民共和国宪法》的基本要求，制定了《中华人民共和国母婴保健法》（以下简称为《母婴保健法》），于1995年6月1日起施行。

1. 婚前保健

《母婴保健法》第7条规定：医疗保健机构应当为公民提供婚前保健服务。婚前保健服务包括：

（1）婚前卫生指导。关于性卫生知识、生育知识和遗传病知识的教育。

（2）婚前卫生咨询。对有关婚配、生育保健等问题提供医学意见。

（3）婚前医学检查。对准备结婚的男女双方可能患影响结婚和生育的疾病进行医学检查。

2. 孕产期保健

《母婴保健法》第14条规定：医疗保健机构应为育龄妇女和孕产妇提供孕产期保健服务。孕产期保健服务包括：

（1）母婴保健指导。对孕育健康后代以及严重遗传性疾病和碘缺乏病等地方病的发病原因、治疗和预防方法提供医学建议。

（2）孕妇、产妇保健。为孕妇、产妇提供卫生、营养、心理等方面的咨询和指导，以及产前定期检查等医疗保健服务。

（3）胎儿保健。为胎儿生长发育进行定期监护，提供咨询和医疗指导。

（4）新生儿保健。为新生儿生长发育、哺乳和护理提供医疗保健服务。

3. 行政管理

（1）《母婴保健法》第28条规定：各级人民政府应当采取措施，加强母婴保健工作，提高医疗保健服务水平，积极防治由环境因素所致严重危害母亲和婴儿健康的地方性高发性疾病，促进母婴保健事业的发展。

（2）《母婴保健法》第31条规定：医疗保健机构按照国务院卫生行政部门的规定，

负责其职责范围内的母婴保健工作，建立医疗保健工作规范，提高医学技术水平，采取各种措施方便人民群众，做好母婴保健服务工作。

（3）《母婴保健法》第34条规定：从事母婴保健工作的人员应当严格遵守职业道德，为当事人保守秘密。

（4）《母婴保健法》第36条规定：未取得国家颁发的有关合格证书，施行终止妊娠手术或者采取其他方法终止妊娠，致人死亡、残疾、丧失或者基本丧失劳动能力的，依照刑法有关规定追究刑事责任。

三、《未成年人保护法》的相关知识

《中华人民共和国未成年人保护法》（以下简称《未成年人保护法》）由中华人民共和国第十一届全国人民代表大会常务委员会于2012年10月26日修订通过，自2007年6月1日起施行。

1. 未成年人应享有的权利

未成年人享有生存权、发展权、受保护权、参与权以及受教育权。国家要根据未成年人身心发展的特点给予特殊、优先保护，保障未成年人的合法权益不受侵犯。

2. 保护未成年人的工作遵循的原则

（1）尊重未成年人的人格尊严。

（2）适应未成年人身心发展的规律和特点。

（3）教育与保护相结合。

3. 未成年人获得的保护

未成年人将从家庭保护、学校保护、社会保护、司法保护这几方面获得法律保护。

（1）家庭保护

1）父母或者其他监护人应为未成年人创造良好、和睦的家庭环境，依法履行对未成年人的监护职责和抚养义务，严禁实施家庭暴力，严禁虐待、遗弃未成年人。

2）父母或其他监护人应学习家庭教育知识，关注未成年人的生理、心理状况和行为习惯，以健康的思想、良好的品行和适当的方法教育和影响未成年人，并尊重未成年人受教育的权利。

（2）学校保护

1）托幼园所应当做好保育、教育工作，促进婴幼儿在体质、智力、品德等方面和谐发展。

2）要尊重未成年人人格尊严，严禁体罚、变相体罚或者其他侮辱人格尊严的行为。

3）要建立安全制度，加强对未成年人的安全教育，提供安全健康的环境设施，开展安全有益的集体活动，采取各项措施保障未成年人的安全。

（3）社会保护

1）隐私权。隐私权是指未成年人享有的个人生活不被公众知晓，禁止他人非法干涉的权利。未成年人享有隐私权，任何组织和个人不得披露未成年人的个人隐私。

2）荣誉权。荣誉权是指未成年人有接受政府、社会组织、单位对自己的表彰、嘉奖和授予荣誉称号并对荣誉加以维护的权利。不得非法侵犯未成年人的荣誉权，禁止非法剥夺未成年人被授予的荣誉称号。

3）各级人民政府要采取各项措施，保障未成年人受教育的权利，包括经济困难家庭、残疾儿童和流动人口中的未成年人。

（4）司法保护

1）继承权。继承权指未成年人依法享有能够无偿取得死亡公民遗留的个人合法财产的权利。

2）受赠权。受赠权即接受别人赠与的财物的权利。未成年人接受的赠款、赠物归属未成年人所有。任何人，包括未成年人的父母或其他监护人，不得以该未成年人未成年为由将该款、物据为己有。

3）受抚养权。未成年人出生后有权享受父母或者其他监护人的抚养。抚养未成年子女是父母应尽的义务，对于不履行抚养义务的父母，经教育不改的，人民法院可以根据申请，撤销其监护人的资格，依法另行指定监护人。被撤销监护资格的父母应依法继续负担抚养费用。

4. 未成年人享有的劳动权利

劳动权利是指有劳动能力的公民享有要求劳动就业的机会和按劳取酬的权利。在我国，年满 16 周岁、未满 18 周岁的未成年人，如果完成了规定年限的义务教育，不再继续升学的，依法可以从事有经济收入的劳动或者个体劳动。

5. 未成年人享有的诉讼权利

诉讼就是国家司法机关在当事人和其他诉讼参与人的参加下，按照法律规定的程序解决各种争议案件的活动。根据诉讼所要解决的实体问题的不同和因此产生的诉讼形式的差异，诉讼一般分为刑事诉讼、民事诉讼和行政诉讼三种。

四、《儿童权利公约》的相关知识

1. 背景和意义

《儿童权利公约》（以下简称《公约》）是迄今为止历史上规范儿童权利内容最丰富、最全面、最为国际社会广泛认可的具有法律效应的文件。《公约》为各国政府在保护儿童方面确立了卫生保健、教育、法律、社会服务等方面所必须达到的最低标准和基本行为准则，对世界各国、各地区具有普遍适用性，被誉为国际社会促进和保护人权、致力于加强正义、和平和自由的里程碑。

2. 主要内容

（1）基本理念。《公约》第3条明确规定了儿童最大权益的原则，关于儿童的一切行为，无论是当局、司法机关、社会服务和社会福利机构，还是家庭或是儿童的抚养人和监护人，均应以儿童的最大利益为首要考虑。儿童无异于成人，应平等共享相同的价值。

（2）四大原则

1）儿童最大利益的原则。

2）尊重儿童生存发展权利的原则。

3）无歧视的原则。

4）尊重儿童观点的原则。

（3）四大权利

1）儿童的生存权。《公约》规定了每个儿童都享有生存权，应最大限度地保护儿童的生存和发展。如：儿童有获得姓名、国籍以及知道谁是其父母并受其父母照料的权利；有可达到最高标准的健康并享有医疗和康复设施的权利；有享受足够的食物和一定住所等方面的权利。

2）儿童的受保护权。《公约》规定国家机构、家庭以及儿童本身都有责任执行及尊重儿童的性别、国家、文化等一切权利。如：儿童的隐私、家庭、住宅或通信不受任意或非法干涉，其荣誉和名誉不受非法攻击。保护儿童免受父母或其他人任何形式的身心摧残、凌辱、忽视、虐待或剥削，包括性侵犯。脱离家庭环境的儿童有权得到特别的保护和协助，包括被安排寄养、监护、收养或安置在育儿机构中。防止以任何目的或任何形式诱拐、买卖或贩运儿童。

3）儿童的发展权。《公约》规定儿童发展权包括接受一切形式的教育（正规和非正规教育）的权利以及能够给予儿童的身体、心理、精神、道德与社会交往得以发展的生活水平等。

4）儿童的参与权。《公约》规定儿童有权对影响儿童的一切事项自由发表自己的意见；有自由发表言论的权利；有寻求接受和传递各种信息和思想的自由；有参与社会、经济、宗教、政治、文化及家庭生活的权利；参与不仅是儿童的基本权利，也是儿童成长与发展的基本需要。儿童在与之有关的一切事务上应当是一个积极而有贡献的参与者，而不是一个消极被动的接受者。

五、《中国儿童发展纲要（2011—2020）》的相关知识

1. 背景及编制原则

2001 年，国务院颁布了《中国儿童发展纲要（2001—2010）》（以下简称《纲要》，从儿童的健康、教育、法律保护和环境四个领域提出了儿童发展的主要目标和策略措施。十多年来，国家加快完善保护儿童权利的法律体系，强化政府责任，不断提高儿童工作的法制化和科学化水平，我国儿童生存、保护、发展的环境和条件得到明显改善，儿童权利得到了进一步保护，儿童发展取得了巨大成就。

未来十年，是我国全面建设小康社会的关键时期，儿童发展面临前所未有的机遇。依照《中华人民共和国未成年人保护法》等相关法律规定，遵循联合国《儿童权利公约》的宗旨，依照国家经济社会发展的总体目标和要求，结合我国儿童发展的实际情况制定的《纲要》，充分体现了儿童事业发展与国家经济和社会发展的协调统一、现实性与前瞻性的协调统一。

2. 主要内容

（1）儿童与健康。提出了“儿童健康”的新概念；保留了关于降低儿童和孕产妇死亡率等重要指标；把“提高出生人口质量”“提高儿童营养水平、增强儿童体质”“加强儿童心理卫生和保健教育”确定为主要目标。

（2）儿童与教育。保留了普及九年制义务教育的目标；提出了“普及高中阶段教育”“促进 0 ~ 3 岁婴幼儿早期综合发展”“提高教育质量和效益”等目标。

（3）儿童与福利。明确了“扩大儿童福利范围”“保障儿童享有基本医疗卫生服务”“提高残疾儿童的救助与康复”以及“增加对弱势儿童救助的专业服务机构”等目标。

（4）儿童与社会环境。明确了“社会对儿童的尊重、爱护”的责任，加强“家庭教育指导，提升家长素质”，提供“丰富、健康向上的文化产品”，创建“儿童之家”等内容。

（5）儿童与法律保护。明确将“依法保障儿童的生存权、发展权、受保护权和参与权”作为主要目标，进一步落实“儿童优先和儿童最大利益原则”，完善“儿童发展保护机制”，完善“儿童监护制度”，增强儿童“法律意识、自我保护意识和能力”，特别强调了预防未成年人犯罪和对违法犯罪的未成年人进行司法保护，把法律援助和法制宣传作为动员社会保障儿童合法权益的有效途径。

六、《食品卫生法》的相关知识

1. 食品的卫生

食品应当无毒、无害，符合应有的营养要求，具有相应的色、香、味等感官特征。专

供婴幼儿的主、辅食品，必须符合国务院卫生行政部门制定的营养、卫生指标。

婴幼儿食品是指满足婴幼儿正常发育所需的食品。主食品是指含有婴幼儿生长发育所需的营养素的主要食品。辅食品是指根据婴幼儿生长发育的不同阶段对各种营养素需求的增加，而添加、补充其他营养素的辅助食品。

专供婴幼儿的主、辅食品必须符合国务院卫生行政部门制定的营养、卫生标准和管理办法的规定，其包装标志及产品说明书必须与婴幼儿主、辅食品的名称相符。

（1）食品生产经营过程必须符合卫生要求

1）保持内外环境整洁，采取消除苍蝇、老鼠、蟑螂和其他有害动物及其滋生条件的措施，与有毒、有害场所保持规定的距离。

2）食品生产经营企业应当有与产品品种、数量相适应的食品原料处理、加工、包装、储存等厂房或者场所。

3）应当有相应的消毒、更衣、采光、照明、通风、防腐、防尘、防蝇、防鼠、洗涤、污水排放、存放垃圾和废弃物的设施。

4）设备布局和工艺流程应当合理，防止待加工食品与直接入口食品、原料与成品交叉污染，食品不得接触有毒物、不洁物。

5）餐具、炊具和盛直接入口食品的容器，使用前必须洗净、消毒，炊具、用具用后必须洗净，保持清洁。

6）储存、运输和装卸食品的容器包装、工具、设备和条件必须完全无害，保持清洁，防止食品污染。

7）直接入口食品应当有小包装或者使用无毒、清洁的包装材料。

8）食品生产经营人员应当保持个人卫生，生产、销售食品时，必须将手洗净，穿戴清洁的工作服、工作帽；销售直接入口食品时，必须使用售货工具。

9）用水必须符合国家规定的城乡生活饮用水卫生标准。

10）使用的洗涤剂、消毒剂应当选择对人体安全、无害的。

（2）禁止生产经营的食品

1）腐败变质、油脂酸败、霉变、生虫、标签名册不符、混有异物或者其他感官性状异常，可能对人体健康有害的。

2）含有毒、有害物质或者被有毒、有害物质污染，可能对人体健康有害的。

3）含有致病性寄生虫、微生物的，或者微生物毒素含量超过国家限定指标的。

4）未经兽医卫生检验或者检验不合格的肉类及其制品。

5）病死、毒死或者死因不明的禽、畜、兽、水产动物及其制品。

6）容器包装污秽不洁、严重破损或者运输工具不洁造成污染的。

7）掺假、掺杂、伪造、影响营养、卫生的。

8）用非食品原料加工的，加入非食品用化学物质的或者将非食品当作食品的。

9）超过保质期限的。

10）为防病等特殊需要，国务院卫生行政部门或者省、自治区、直辖市人民政府专门规定禁止出售的。

11）含有未经国务院卫生行政部门批准使用的添加剂或者农药残留超过国家规定容许量的。

2. 食品添加剂的卫生

食品添加剂是指为改善食品品质和色、香、味，以及为防腐和加工的需要而加入食品中的化学合成或者天然物质。目前我国允许使用并制定有国家规定的食品添加剂有防腐剂、抗氧化剂、发色剂、漂白剂、酸味剂、凝固剂、疏松剂、增稠剂、消泡剂、着色剂、乳化剂、品质改良剂、抗结剂、香料、营养强化剂、酶制剂、鲜味剂等。

生产经营和使用食品添加剂，必须符合食品添加剂使用卫生标准和卫生管理办法的规定；不符合卫生标准和卫生管理办法的食品添加剂，不得经营、使用。

3. 食品容器、包装材料和食品用工具、设备的卫生

食品容器、包装材料和食品用工具、设备必须符合卫生标准和卫生管理办法的规定，各种食品容器、包装材料和食品用工具、设备本身不是食品，但由于这类产品直接或间接接触食品，可能在食品生产加工、储藏、运输和经营过程中造成食品污染，或容器包装材料中有毒有害物质迁移到食品中，因此必须对这类产品的生产经营和使用进行严格的卫生管理。

食品容器、包装材料和食品用工具、设备的生产必须采用符合卫生要求的原材料，产品应当便于清洗和消毒。

4. 法律责任

生产经营不符合卫生标准的食品，造成食物中毒事故或者其他食源性疾患的，责令停止生产经营，销毁导致食物中毒或者其他食源性疾患的食品，没收违法所得，并处以违法所得1倍以上5倍以下的罚款。没有违法所得，处以1千元以上5万元以下的罚款。

生产经营不符合卫生标准的食品，造成严重食物中毒事故或者其他严重食源性疾患，对人体健康造成严重危害的，或者在生产经营的食品中掺入有毒、有害的非食品原料的，依法追究刑事责任。

七、《劳动法》的相关知识

1. 劳动者的权利和义务

劳动者享有平等就业和选择职业的权利，取得劳动报酬的权利，休息、休假的权利，获得劳动安全、卫生保护的权利，接受职业培训技能的权利，享受社会保险和福利的权利，提请劳动争议处理的权利以及法律规定的其他劳动权利。

劳动者义务包括应履行劳动合同，提高职业技能，执行劳动安全卫生规程，遵守劳动职业道德的义务。

2. 劳动就业

劳动就业是指具有劳动能力的公民在法定劳动年龄内从事某种有一定劳动报酬或经营收入的社会职业。

劳动就业方针是党和国家根据不同时期的社会劳动力供求情况以及社会经济、政治状况，为充分利用资源和实现劳动力供求平衡，所确定的指导劳动就业工作的总原则。

（1）劳动就业原则

1）国家促进就业原则。

2）平等就业原则。

3）双向选择原则。

4）劳动者竞争就业原则。

5）照顾特殊群体人员就业原则。

6）禁止未成年人就业原则。

（2）劳动就业途径

1）发展生产，节制生育。

2）广开就业门路，拓宽就业渠道。

3）办好劳动就业服务企业，扩大就业安置。

4）发展职业培训事业，提高后备劳动力就业素质。

5）采取多种办法，分流企业富余人员。

6）大力发展乡村企业，吸纳更多农村剩余劳动力。

3. 劳动合同

劳动合同是指劳动者与用人单位之间为确立劳动关系，明确双方权利和义务的协议。劳动合同是确立劳动关系和法律关系的形式。

劳动合同包括定期劳动合同、不定期劳动合同和以完成一定工作为期限的劳动合同。

劳动合同内容包括：劳动合同期限、工作内容、劳动保护和劳动条件、劳动报酬、劳动纪律、劳动合同终止条件、违反劳动合同的责任等。

劳动合同签订是指劳动行政部门依法审查、证明劳动合同真实性和合法性的一项行政法规强制性规定。

劳动合同的履行应遵循亲自履行的原则、权利义务统一的原则、全面履行的原则、协作履行的原则。

劳动合同的变更应遵循平等原则、自愿原则、协商原则、合法原则。

劳动合同的解除是指当事人双方提前终止劳动合同的法律效力。劳动合同签订后，双方当事人不得随意终止劳动合同。

4. 劳动报酬

工资是指基于劳动关系，用人单位根据劳动者提供的劳动数量和质量，按照过去合同约定支付的货币报酬。

工资分配的原则包括按劳分配的原则、工资水平随经济发展逐步提高的原则、国家对工资总量实行宏观控制的原则。

最低工资是指用人单位对单位时间劳动至少必须按法定最低标准支付的工资。

工资等级制度是指根据劳动技术、复杂程度、繁重程度和责任大小划分等级，按等级发放工资的制度。

结构工资由基础工资、职务工资、工龄工资、奖励工资等不同职能的工资组成。

工资形式是指计量劳动和支付工资的形式。我国现行的工资形式主要有计时工资、计件工资两种基本形式和奖金、津贴两种辅助形式。

特殊情况下的工资是指依法或按协议在非正常情况下支付给职工的工资。

5. 劳动时间

工作时间是指劳动者根据国家规定，为用人单位从事生产和工作的时间，标准工作时间反映着一个国家的经济实力与文明程度。

工作日包括标准工作日、缩短工作日、延长工作日和不定时工作日。

休息休假的种类有两类，一类是日常休息时间，另一类是劳动者依法享受的各种假日，如法定节日、探亲假、年休假等。

6. 女职工、未成年工的特殊保护

女职工的特殊保护一般是指女职工的经期、孕期、产期、哺乳期的保护。这种保护不仅是对女职工本身的保护，同时也是对下一代安全健康的保护。

未成年工的特殊保护是指根据未成年工的身体尚未定型的特点，对未成年工在劳动过程中特殊权益的保护。在我国，未成年工是指年满 16 周岁未满 18 周岁的劳动者，非法使用童工的单位、职业介绍所，应当承担法律责任。

7. 职业培训

职业培训是指直接为适应经济和社会发展的需要，对要求就业和在职的劳动者进行以培训和提高素质及职业能力为目的的教育和训练活动。职业培训可分为职前培训、在职培训和转岗培训。

8. 社会保险

社会保险是指劳动者在年老、伤病、残疾、生育、死亡等造成劳动能力丧失、职业岗位丢失等客观情况下，发生经济困难而从国家和社会获得补偿和物质帮助的一种社会保障制度。社会保险具有法制性、资金来源多样性、保障性等特征，主要包括：养老保险、工伤保险、医疗保险和失业保险。

9. 劳动纪律和职业道德

劳动纪律是指劳动者在劳动过程中必须遵守的劳动规则和秩序，它是保证劳动者按照规定的时间、质量、程序和方法自己承担工作任务的行为准则。

职业道德是指劳动者履行劳动义务，完成岗位职责活动中形成的评价人们的思想行为的真、善、美与假、恶、丑，光荣与耻辱，公正与偏私，诚实与虚伪，文明与愚昧的观念、原则和规范的总和。

10. 劳动争议的处理

劳动争议是指劳动法律关系当事人关于劳动权利、义务的争执。

劳动争议的处理机构有劳动争议调解委员会、劳动争议仲裁委员会以及人民法院。

依现行劳动法律规定，我国处理劳动争议适用下列形式：和解、调解、仲裁、诉讼等。

第 2 章

生活照料

第1节　饮食与营养

一、母乳喂养

母乳含有丰富的营养成分，最适合婴儿生长发育所需，是婴儿天然的优质食物。

1. 母乳喂养的技巧

乳母和婴儿都必须做好充分准备，乳母要清洁乳房、乳头，体位舒适。乳母感冒时应戴口罩。婴儿体位安全、舒适。哺乳姿势有坐式、坐式环抱式、卧式。坐式环抱式适用于双胎儿，卧式不安全，仅适用于剖宫产术后，坐式最好。任何一种哺乳姿势都必须防止乳房压住婴儿鼻部，以防意外。哺乳时都要将乳头从婴儿的上唇掠向下唇引起觅食反射，当婴儿张大嘴时将乳头和大部分乳晕含入婴儿口内。正确的吸吮能使婴儿充分吸到乳汁。喂哺结束后，应竖抱婴儿，让其伏在成人肩上，成人手掌弓起呈杯状，由背中部往上轻轻拍背，使婴儿打嗝，排出胃中空气，如图2—1所示。母乳喂养应尽早开奶，按需哺乳。

图2—1　喂哺后拍背

2. 母乳的储存与使用

乳母感到乳胀而又不能为婴儿哺乳时，可以将乳汁挤在事先消毒的有盖容器内（市场有购母乳保存袋或母乳储存杯），标上日期、时间。在室温（25℃以下）可保存4 h，冰箱冷藏室内（4℃）可保存48 h，冰箱冷冻室（－20℃）可保存3个月。喂时隔水加热至40℃左右即可喂哺。

3. 挤奶方法

挤奶方法有手挤奶和吸奶器吸奶。

（1）手挤奶

1）洗净双手，准备一个消毒杯子。

2）一手托起乳房，另一手大拇指和食指放在乳晕上下方，用大拇指和食指的内侧向胸壁处有节奏地挤压及放松，并在乳晕周围反复转动手指位置，挤空每根乳腺管内的乳汁。乳汁直接挤入消毒杯内。

（2）吸奶器吸奶

1）手工吸奶器。挤压橡皮球内的空气，将吸奶器的广口罩紧贴在乳头周围的皮肤上，不能漏气。放松球，将乳头和乳晕吸进管内，挤压和放松橡皮球，乳汁流进并积在管子的膨出部。吸出的奶汁倒入准备好的消毒器皿中。注意勿将奶汁吸入橡皮球内。

2）电动吸奶器。电动吸奶器品牌型号不 同，结构造型也不完全相同，但都能直接将奶吸入奶瓶。电动吸奶器较好，吸力大、出奶多，而且方便、卫生。

二、部分母乳喂养（混合喂养）

1. 定义

母乳与配方奶同时喂养婴儿为部分母乳喂养。

2. 方法

（1）补授法。每次哺乳时先吸空两侧乳房，然后再以配方奶补足母乳不足部分，补授的乳量由婴儿食欲及母乳量多少而定，即“缺多少补多少”。此法有助于刺激母乳分泌，母乳不会很快减少。

（2）代授法。由于母亲上班或有事外出无法喂哺时，完全由配方奶粉代替母乳。由于吸吮母乳的次数减少，因此母乳量减少较快，容易引起母乳喂养的失败。

三、配方奶喂养（人工喂养）

1. 定义

因各种原因不能进行母乳喂养时，完全采用配方奶喂哺婴儿，为配方奶喂养。

2. 奶具的准备和选择

（1）婴儿喂养用品的配置。250 mL、120 mL 奶瓶数个、奶嘴数个、奶瓶刷、奶嘴刷、奶瓶加热器、消毒锅。

（2）奶瓶、奶嘴的选择

1）奶瓶。应选用透明、直立式奶瓶，便于洗刷干净。材质最好为玻璃，或可耐高温食用塑料。

2）奶嘴。奶嘴有橡胶和硅胶的。橡胶奶嘴富有弹性，质感近似妈妈的乳头。硅胶奶嘴没有橡胶的异味，容易被婴儿接纳，而且不易老化，抗热、抗腐蚀。家庭可根据需要选择。奶嘴的孔有多种型号，要根据婴儿的月龄和具体情况选择，见表 2—1。

表 2—1　不同型号奶嘴

型号	适用对象
圆孔小号（S 号）	适合尚不能控制奶量的新生儿用

续表

型号	适用对象
圆孔中号（M号）	适合于2~3个月、用S号吸奶费时太长的婴儿。用此奶嘴吸奶和吸妈妈乳房所吸出的奶量及所做的吸吮运动的次数非常接近
圆孔大号（L号）	适合于用以上两种奶嘴喂奶时间太长，但量不足、体重轻的婴儿
Y字形孔	适合于可以自我控制吸奶量，边喝边玩的宝宝使用
十字形孔	适合于吸饮果汁、米粉或其他粗颗粒饮品，也可以用来吸奶

3. 配方奶的冲调

市售的配方奶品种很多，必须根据不同配方奶的说明要求进行冲调。

（1）冲调步骤

1）育婴师洗净双手（见图2—2a）。

2）在消毒锅内用镊子取出奶瓶，手不能碰瓶口（见图2—2b）。

3）在奶瓶中注入所需的温开水量，水温低于50℃（见图2—2c）。

4）用量匙按需要取出奶粉，奶粉用匙刮平灌入奶瓶（见图2—2d）。

5）用镊子取出消毒锅内奶嘴，手持奶嘴扣边，小心扣在奶瓶口上（见图2—2e）。

6）轻轻晃动奶瓶，使奶粉完全溶解（见图2—2f）。

7）滴数滴奶于手腕内侧试温，以不烫手为宜（见图2—2g）。

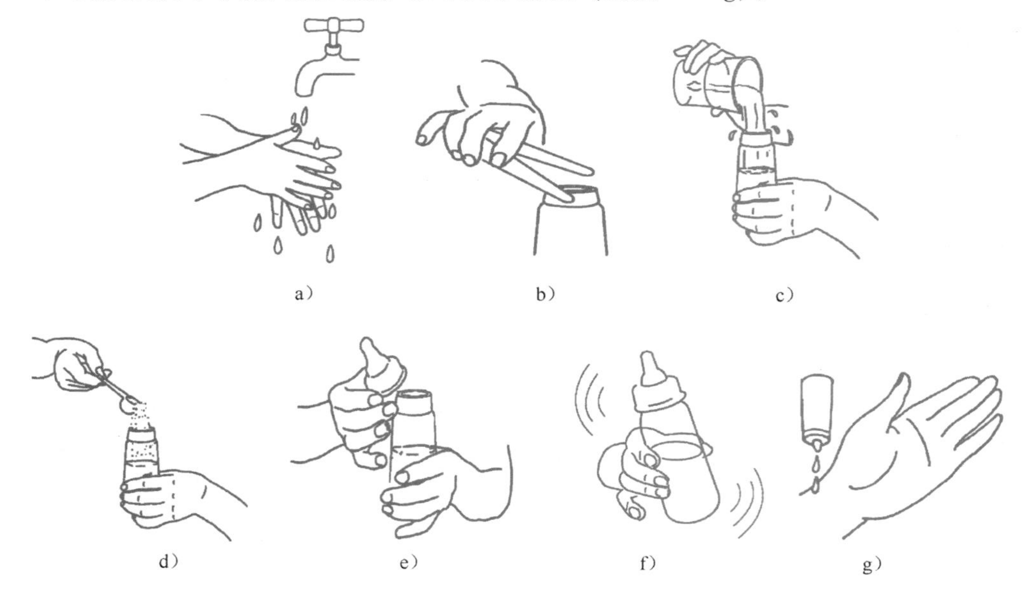

图2—2　配方奶的配制

a）洗净双手　b）取出奶瓶　c）注入温开水　d）灌入奶粉　e）盖上奶嘴　f）溶解奶粉　g）测试奶温

（2）注意事项

1）过期奶粉不能用。

2）不合年龄段的奶粉不能用。

3）各种品牌奶粉所配备的量匙不能相互混用。

4）匙取奶粉后用刮匙刮平，粉与匙平，不能高堆。

5）奶粉必须喂一次配一次，保证奶新鲜。

6）溶解、摇匀奶液，不能用力摇晃，以免形成泡沫和气泡。奶中过多空气会使婴儿不舒服，引起吐奶。

7）严格按要求配制。太稀使婴儿得不到足够营养，太浓增加肾脏负担。

4. 喂奶姿势

（1）用围嘴围在婴儿颌下。

（2）喂哺者坐在椅子上，一只胳膊搂抱婴儿，托住婴儿的肩背，使婴儿面向喂哺者，头靠在臂弯中，半卧在喂哺者怀里。

（3）用奶嘴接触婴儿嘴角，张嘴时将奶嘴送入婴儿口中。

（4）竖起奶瓶，奶瓶与下颌成45°，使奶水充满奶嘴，以免空气吸入，如图2—3所示。

图2—3　奶瓶喂奶姿势

（5）喂奶完毕后将婴儿竖直抱起，头靠在喂哺者的肩膀上，轻拍婴儿背部。使婴儿打嗝，排出胃内空气。

5. 喂哺时间

人工喂养按时喂哺，一般间隔3~4 h，每次喂哺时间15~20 min。

四、食物转换（旧称辅食添加）

随着生长发育，婴儿消化能力逐渐提高，单纯乳类喂养不能完全满足6月龄后婴儿生长发育的要求，婴儿需要由纯乳类的液体食物向半固体、固体食物逐渐转换，这个过程称为食物转换。

1. 食物转换的顺序（见表2—2）

表2—2 食物转换的顺序

月龄	食物	供给的营养素
4~6个月	米糊、烂粥	补充热量、用匙喂食
	鱼泥、豆腐、菜汁、果汁、菜泥、水果泥	动植物蛋白质、铁、维生素A、维生素B、维生素C、膳食纤维、矿物质
7~9个月	烂面、烤馒头片、饼干、粥	提供热量，训练咀嚼
	蛋黄泥、鱼泥、肝泥、肉末、碎菜、果泥	动物蛋白质、铁、锌、膳食纤维、维生素A、维生素B、维生素C等
10~12个月	稠粥、软饭、挂面、馒头、面包	提供热量，训练咀嚼
	碎菜、碎肉、蛋、鱼、油、豆制品	矿物质、蛋白质、各种维生素、膳食纤维

2. 喂食方法

（1）4~6个月后开始用匙给婴儿添加泥状食物。

（2）从少量开始逐渐加量，注意消化和过敏情况。

（3）刚开始添加泥状食物时婴儿会用舌头顶出，恶心，甚至哭闹。只要坚持喂10~15次，婴儿都会接受。

（4）喂泥状食物时，必须把婴儿抱在怀里以坐姿喂食，一次喂食约20 min。

3. 泥糊状物制作（谷类、蔬果）

婴儿适宜在4~6个月之后添加辅食，作为断奶的前期准备，首先添加的食物应是营养米粉，随后是蔬菜、水果、荤菜。

（1）米糊

1）将所需量的米粉放入碗中。

2）加入适量的70~80℃开水。

3）静置1~2 min。

4）用匙或筷顺时针调成糊状。米糊不必再烧煮，以免破坏营养物质。

5）注意事项。冲调米粉时，粉和水的比例没有确切的规定，应根据宝宝的月龄与适应能力来决定。刚开始接触米粉时，可以冲调得稀一点，慢慢地加稠。米粉应按月龄取材。第一阶段是4～6个月的婴儿米粉。米粉中添加和强化的是蔬菜和水果。4个月婴儿应首先添加含铁米粉。第二阶段是6个月以后的婴儿米粉，米粉里应添加一些鱼、肝、牛肉、猪肉泥等。可以按照婴儿的月龄及消化情况来选择不同配方的营养米粉。

（2）菜泥（见图2—4）

1）取新鲜绿叶蔬菜嫩叶，洗净。

2）煮熟。

3）洗净双手。

4）将熟的菜叶放消毒筛网内用匙按压。

5）刮取筛网下菜泥放入消毒碗中。

6）注意事项。如无筛网可将熟菜叶放入碗内用匙按压捣烂，剔去菜茎留下菜叶成泥状即可。其他蔬菜如胡萝卜、土豆、白薯等，可将它们洗净后，蒸熟或用水煮熟，用搅拌机或在碗中研成细泥状。多种蔬菜可交替给婴儿食用。

图2—4　菜泥制作

（3）番茄泥（浆）

1）取新鲜、成熟的番茄，洗净；开水烫后去皮、去籽。

2）切块蒸或煮熟烂。

3）洗净双手。将熟番茄放入碗中用匙碾细。

（4）土豆泥

1）取新鲜土豆，洗净。

2）煮烂或土豆去皮切块蒸熟烂。

3）洗净双手。煮烂熟土豆，去净皮后放入碗中，用匙研成绝对细泥。或将土豆去皮、切薄片，蒸熟烂后碾成绝对细泥状。由于婴儿的肠胃功能尚未发育完全，应在6个月后再喂食土豆泥。

（5）胡萝卜泥

1）取新鲜胡萝卜，洗净。去皮，去两头，切块煮烂。

2）洗净双手将熟胡萝卜放入碗中用匙研成细泥状。

3）用少量植物油煸炒后盛入碗中。

其他蔬菜如山药、芋艿、南瓜等都可将它们洗净，蒸熟或用水煮熟后，用搅拌机或在碗中研成细泥状。多种蔬菜可交替给婴儿食用。

（6）苹果泥

1）取新鲜苹果（取果肉酥软的品种）一个，洗净。

2）开水烫果皮。

3）洗净双手，消毒刀后，纵向切开苹果。

4）用匙在剖面刮果肉，使果肉成细泥状，直接喂。果泥需现刮现喂。

（7）香蕉泥

1）取新鲜、成熟香蕉一根，洗净。

2）洗净双手，剥去香蕉皮，撕去白条。

3）香蕉肉放入碗中，用匙将果肉研成细泥状，需现研现喂。

其他水果如草莓、猕猴桃、芒果、梨、西瓜等，都可将它们洗净后，用搅拌机或在碗中研成细泥状。多种水果可交替给婴儿食用，但必须注意操作卫生，如过敏应立即停止食用。

4. 菜、果汁制作

（1）菜水。按一碗菜一碗水的比例，将一碗水煮开，放入一碗撕碎的菜叶，煮沸2～3 min，待水温下降，揭盖去叶取水。

（2）番茄汁。将番茄洗净去蒂盖，放消毒盛器中用开水烫。洗净双手剥去皮，番茄包入双层消毒纱布内，用勺挤压出汁液。

（3）胡萝卜水。胡萝卜洗净去皮、去两头。胡萝卜50 g切碎加清水50 g，煮沸2～3 min，用纱布过滤去渣即可。

（4）鲜橙汁。洗净橙子，用干净毛巾擦干水分。用消毒熟食刀将橙子横向一切为二。把橙子剖面覆盖在消毒玻璃挤橙器上左右旋转挤压，使橙汁流入下面的缸内。原汁加水稀释一倍食用。

也可用绝对渣、汁分离的榨汁机榨取各种果汁。果汁并不是每个婴儿必须添加的辅食，果汁中过高的糖分对婴儿的健康无益，同时喝惯果汁的婴儿不太爱喝水。而且他们往往也只爱吃甜食，不爱吃其他口味的食物。不建议6个月以下的婴儿添加果汁，更建议添加果泥。

第2节 睡眠、大小便

一、婴幼儿睡眠的照料

1. 婴幼儿睡眠环境

良好的睡眠环境是保证婴幼儿高质量睡眠的基本条件。环境必须清静、安全、舒适、温馨。

（1）小床位置。小床应放置在便于照料，远离窗户、空调的位置。床的上方不放照明设备。

（2）室温。一般夏天26～27℃，冬季18～22℃。不过冷、不过热。

（3）空气。保证空气新鲜，注意空气流通，不吹对流风。严冬盛夏每天至少通风两次（上、下午）。环保装修，空气检测合格后入住。

（4）光线。光线应偏暗。白天关上窗帘，夜间关灯。如护理新生儿，夜间可开微弱的夜明灯，以便观察护理。

2. 寝具配置

（1）小床。小床以木质为宜，床的结构要牢固。床周要有围栏。栏杆须圆柱形，栏杆的间隙不超过6 cm，高度不低于胸，不设横栏，以防婴幼儿从床上翻跌造成意外。婴儿床栏周围围上护围，预防婴儿头部撞伤。

（2）床上用品。被褥 、床单、被套、枕套、面料需采用柔软、透气、吸水、无刺激性的纯棉制品。床上用品应多备几套，以便清洗、消毒更换。被子、垫褥、睡袋 、童毯厚薄适宜，适应季节气温。3个月以后婴儿开始用枕头，高度约3 cm为宜，随着婴儿长大，适当增高枕头。

（3）尿布兜（2岁以下）、防湿尿垫要透气、防水。

（4）席子需凉爽、透气、无刺激性。最好选择草席。

（5）蚊帐材质透气、尺寸大小适合小床。

3. 床铺整理

（1）准备。孩子抱离卧室；打开窗户；育婴师洗手；备齐床单、被套、枕套、枕芯、被褥。

（2）操作

1）床垫上缘紧靠床头。

2）铺床单。正面向上对准中线展开，先铺床头，再铺床尾，将周围被单置于床垫下，折角服帖，四角平紧，成斜角。床单应铺平整。

3）套被套。被套正面向上，中线正，棉胎成S形塞于被套内，头端不留空虚，内外套齐无皱折，折成被筒与床沿齐。套好的被子在近身处翻开一角。

4）套枕套。枕套套于枕芯上，充实平整，拍松枕芯平放于床头，开口处在背面。

4. 睡眠护理

（1）各年龄婴幼儿睡眠安排。睡眠是婴幼儿正常发育的基础。充足的睡眠使婴幼儿精神饱满、情绪愉快。

合理安排婴幼儿睡眠很重要。安排婴幼儿的睡眠时间、次数应根据其生理特点。年龄越小睡眠时间越长，睡眠次数也越多。随着年龄增长睡眠时间逐渐缩短（见表2—3）。

表2—3　不同年（月）龄婴幼儿的睡眠次数和时间参考表

年（月）龄	昼夜睡眠时间（h）	白天（次数）	睡眠（每次睡时）（h）	夜间睡眠时间（h）
新生儿	20～22	—	—	—
1～3个月	18	4	1.5～2	10～11
4～6个月	15～16	2～3	2～2.5	10
7～11个月	14～15	2	1.5～2	10
1岁	12～15	2	1.5～2	10
1.5岁	12～15	1～2	2	10
2岁	12～14	1	2	10
3岁	12～13	1	2	10

（2）睡眠时的观察。婴幼儿入睡后，育婴师要随时观察、注意婴幼儿的睡眠情况，及时排除安全隐患，让婴幼儿睡得舒适、安全。

1）睡眠的姿势。婴幼儿睡眠的姿势有仰卧、俯卧、侧卧等多种方式。由于婴幼儿颅缝尚未关闭定型，颅骨较软，不同的睡姿对颜面和头形的生长发育会有所影响。睡眠姿势与安全也有一定关系。仰卧、俯卧易发生窒息，侧卧的姿势比较符合婴幼儿的生理特点。

侧卧时脊柱略向前弯，肩膀前倾，两腿自然弯曲，两臂可以自由放置，全身肌肉都能得到最大限度的放松，血流畅通，睡得安稳。但侧卧时固定偏向一侧睡，会造成脸型不对称等。因此，不要固定一侧睡。睡眠的姿势可根据婴儿的情况调整，不必强求。舒服、高质量的睡眠是最重要的。

2）避免着凉。被褥适合气温，衣着合理；出汗后勤擦汗。多汗的孩子可在背部垫上小毛巾。蹬被要及时盖好，也可用睡袋保暖。

3）保证安全。蒙被、口鼻埋在枕头里、吐奶或呕吐、小物品入口或其他物件盖住口鼻可能造成气道堵塞；床周绳子会勒颈、勒手指；不安全因素和情况都必须及时处理。婴幼儿睡眠时要密切观察婴幼儿的脸色、呼吸、神经精神症状，及时发现疾病，保证安全。

二、婴幼儿大小便的照料

大小便的次数性质，反映了婴幼儿消化、泌尿系统的生理与病理状态。不同的饮食摄入也会影响婴幼儿大小便的变化。育婴师必须熟悉婴幼儿大小便的特点。

1. 大小便的观察

（1）大便。初生婴儿多数在24小时内排胎粪，胎粪排尽后就进入乳儿便。乳儿便与进食奶的品种有关。母乳喂养婴儿大便呈金黄色软膏样，大便次数较多。随着月龄的增长，大便次数逐渐减少。不同品牌配方奶喂养的婴儿大便会有不同表现。幼儿大便呈黄褐色，成形。有时受食物成分的影响，颜色会有变化。如果排便次数增多，粪便稀薄、黏冻、脓血、恶臭、陶土色、鲜血、柏油便等都提示不正常。

（2）小便。正常尿液为淡黄色、透明、无特异气味。婴幼儿尿量与摄入水分的多少、周围环境温度的高低有关。如果尿量明显减少，尿频，尿痛（婴儿哭闹、幼儿会诉疼痛），尿色呈浓茶色、血色、乳白色等，均为异常。

发现婴幼儿大小便异常，均应及时去医院诊治。

2. 尿布的选择

（1）材质。尿布宜选用柔软、透气、吸水性强的材料。棉尿布是最理想的，但需外兜隔湿尿布。纸尿布也很好，应选择有生产日期、生产单位、保质期、符合卫生标准、有信誉的品牌。布尿布经济实惠，可反复使用，环保。纸尿布使用方便，但一次性用后丢弃，存在垃圾污染，不环保。因化学材料而制，对纸尿布有过敏的婴儿不宜使用。纸尿布在夜间或外出时使用较好。

（2）款式。尿布的款式有长方形、三角形及正方形。长方形尿布用3～4层棉布做成，其有系带式和用松紧带固定式。纸尿布有大、中、小号及男、女等多种规格，可根据婴儿体形大小、性别，选择不同规格。正方形棉布可折叠成长方形或三角形尿布。三角形尿布折叠法（见图2—5）：把方巾对折再对折成小方巾，打开一面正方形折叠成三角形，把另一面正方形折叠几层成长方形，三角形尿布便折叠完成。兜包时须用安全别针固定。

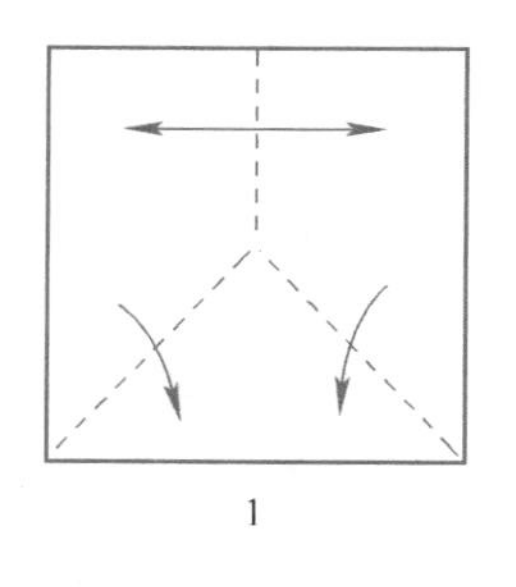

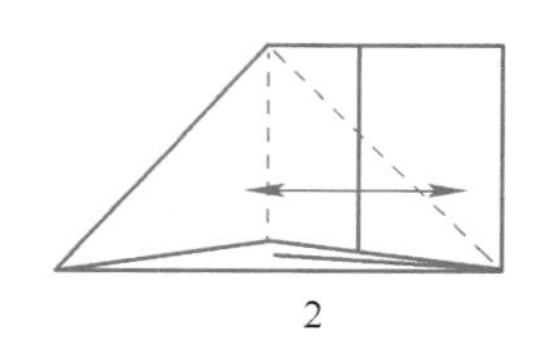

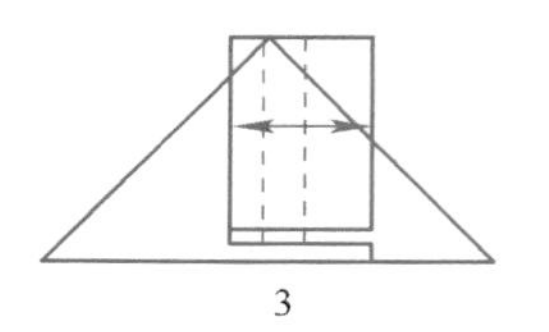

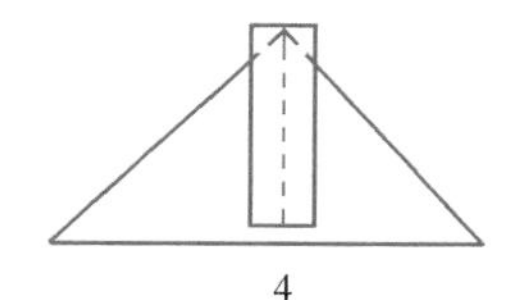

图2—5　三角形尿布折叠法

三角形尿布包裹比较紧，大便不会外漏。长方形尿布大便易外漏。

3. 更换尿布

换尿布时必须动作轻柔，边换尿布边与婴幼儿说话，使婴儿感到舒服、愉快。

（1）准备。干净的尿布、尿布兜、一盆温水、毛巾、护臀膏、棉签、操作台、放脏尿布的盆。育婴师剪短指甲，洗净双手。

（2）更换。把婴幼儿放在安全的操作台上，育婴师面对婴幼儿或站在婴儿的一侧。

1）换长方形尿布

①解开尿布带子后，一手提住尿布带沿腹股沟轻轻送往身后侧；另一手从身后侧接住带子。用拇指和中指握住婴儿的两脚踝，食指夹在两脚踝的中间，将臀部轻轻提起取下尿布。如果有粪便，可用干净的布角擦掉臀部粪便。脏尿布放入盆内。

②用温水清洁婴儿臀部及大腿污染部。清洁时必须从前往后洗（从阴部抹向肛门）。

③清洁后用干毛巾擦干臀部及皮肤褶皱处。

④皮肤干后涂上护臀膏。

⑤把干净的尿布垫在臀下兜包。系带松紧适宜，整理服帖。尿布外兜上防湿尿布兜。

如用折叠式长方形尿布，可用松紧带固定于下腹部。要注意松紧带的松紧度适宜。太紧会使婴幼儿的双侧髂部皮肤被勒破。严重者伤口可深入到脂肪层或肌层，伤口会溃疡、糜烂。松紧带尿湿应及时更换。尿布外兜上尿布兜（使用市售的尿布兜，尿布可不系松紧带，可用尿布兜固定）。

2）换纸尿布

① 打开粘贴面，随即将粘面盖住，轻轻取尿布干净处擦净粪便。

② 用温水清洁婴幼儿臀部及大腿污染部。

③ 清洁后用干毛巾擦干臀部及皮肤皱褶处。

④皮肤干后涂上护臀膏。

⑤ 将大小、性别合适的尿布有粘胶的一端放在婴幼儿后背，有塑料粘贴面的一端兜包到身前。然后打开粘胶立即粘在贴面上，松紧适宜，整理服帖。

（3）注意要点

1）长方形尿布两侧带子不能用力抽拉以免损伤婴幼儿皮肤。

2）一次性纸尿布，粘面不能碰到皮肤，打开后必须及时覆盖粘面。

3）包裹尿布时千万不能把尿布盖住小儿的脐部，以免尿湿后使脐部受潮引起感染。

4）男婴包裹尿布时用手轻轻往下按住他的阴茎。

5）布尿布卧位时女婴下面垫厚些，男婴上面垫厚些。纸尿布应取同性别相应的尿布。

6）包裹必须服帖、松紧适宜。

7）动作轻柔、快速。冬天注意保暖。

8）每次换尿布时，应观察婴幼儿大小便的颜色、性质以及臀部、阴部的皮肤，发现异常及时处理。大便后必须洗净小屁股。

9）掌握婴儿排尿（便）特点，及时更换脏尿布。

第3节　婴幼儿衣着护理

一、服饰及其选择

婴幼儿的衣服必须符合婴幼儿生理特点，使婴幼儿穿得舒服、安全，有利于生长发育，并且还要方便育婴师为其穿脱、护理。

1. 面料

选用吸水性强，柔软，对皮肤无刺激性的纯棉制品。化纤类颜色鲜艳，但不吸水，透气性差，对皮肤刺激大，易引起皮肤过敏，且易燃，存在安全隐患，不宜选用。

2. 款式（见图2—6）

（1）衣服应宽松、简洁，避免过多的装饰，如领口的花边，纽扣，拉链等复杂物。

（2）上衣宜开前门襟，尽量避免套衫。

（3）根据不同季节准备适合时令的服装。冬季要使婴幼儿既暖和又便于双手活动。

（4）编织衣避免有洞的花型，以免婴幼儿手指卡入孔洞。

（5）婴幼儿裤子最好用背带式。系带或松紧带，易因系过紧而束胸，影响婴幼儿胸部

图2—6　衣服款式

发育。学走路的婴儿裤腿不能太长，以防绊跌。

（6）新生儿不打“蜡烛包”。“蜡烛包”有保暖的优点，但束缚了婴儿，限制了胸廓和四肢运动，有碍生长发育。同时包裹后内部湿度高，如不及时更换尿布易发生尿布疹。应给新生儿松绑而有自由度的穿着。

3. 衣着用品配置

适合各季节温度的厚薄不一的内衣裤、外衣裤、背心、外套、包巾、披风、斗篷、帽子等，根据实际需要各备数件，保证替换所需。

4. 洗涤

婴幼儿的衣服应与成人分开洗。用中性肥皂人工洗涤。不要使用任何生物性的洗衣粉或纤维柔顺剂，这些物质会残留在衣服上刺激婴幼儿的皮肤。衣服洗净后必须漂清，在太阳下晒干。

5. 储藏

洗净的衣服单独放入专用的衣柜或整理箱中，便于取用。换季的衣服洗净后储藏，要经常放在太阳下晒，不要放樟脑丸。

二、为婴幼儿穿脱衣服、包裹新生儿

1. 穿脱衣裤

育婴师在为婴幼儿穿脱衣服前先做好准备工作。整理好操作台。修剪指甲、洗净双手，备好衣裤、放脏衣盆。做好保暖工作。如果里外有几件衣服都要换，可先把几件衣服都套在一起。换衣服时动作要快、轻柔。

（1）开衫。成人一只手紧握住婴幼儿的手腕，另一只手从婴幼儿袖口伸入袖笼握住婴幼儿的小手，轻轻把他的手臂带过来。同法穿另一只手。然后拉直衣服，扣上门襟。新生儿穿衣后，两上臂扎上带子，松紧适宜。以防小手屈曲在袖笼中。

（2）套衫

1）穿套衫。根据婴幼儿月龄和能力平躺或坐在操作台上。双手把衣服从底部往上卷拢至领口，把衣身与衣领形成一圈。撑开衣领，轻轻套入婴幼儿的头和颈部（注意不要让婴幼儿蒙面而感到不舒服）。再把婴幼儿的手伸入袖笼，轻轻把手臂牵引出袖口，再把衣服拉平。如婴儿仰卧位，则一只手轻轻抬起婴儿头和上半身，另一只手顺势把衣服拉下到肩膀部，然后轻轻地把头放下。一只手撑开袖口伸进袖笼，另一只手握住婴儿手腕和小手，轻轻带到伸进袖笼的手上。一只手抓住婴儿的手，另一只手把衣服袖子往上拉。同法穿另一只袖子。两上肢穿好后，一只手轻轻抬起婴儿头，另一只手把衣服拉至腹部。

2）脱套衫

①双手把套衫从底部往上卷拢至腋下。

②用一只手轻抓一侧袖子，另一只手在衣服里面抓住婴幼儿的肘部轻轻弯曲肘关节，将上肢慢慢退出袖子。同法移出另一只手。

③把整件衣服收折在两手之中。

④把颈部开口处尽量撑大，然后迅速往上，使套衫经婴幼儿面部退到头部，迅速移出衣服（注意不要让婴幼儿蒙面而感到不舒服）。卧位婴儿轻轻托起其头颈部，抬高他的上半身，迅速移出衣服。

（3）连衣裤

1）穿连衣裤。把干净的连衣裤展开平放在操作台上，松开所有开口，让婴幼儿躺在上面，颈部与连衣裤领口平。收拢一条裤腿，轻轻地把婴幼儿的脚放入，让他的脚趾正好对着连衣裤的脚趾部分，拉上裤腿。用同样的方法穿上另一条裤腿。一只手从袖口伸入袖子，尽量撑开开口处。用另一只手握住婴幼儿的手和腕并带到袖中的手上，把婴幼儿的手带入袖子，把袖子往上拉至肩膀处。用同样的方法，穿另一只袖子。扣上所有的开口（从大腿及大腿根处的开口扣起，一直往上扣至颈部）。

2）脱连衣裤。解开所有开口，一只手抓住裤腿内婴幼儿的足踝，屈曲婴幼儿膝，另一手脱下该侧裤腿。用同样方法脱下另一侧裤腿。把一只手放入袖内抓住婴幼儿的肘部，让肘稍稍弯曲，另一只手抓住袖口，拉出袖子。用同样的方法脱去另一侧袖子。手轻轻放在婴幼儿头、颈部下面，抬高他的上半身，轻轻移去连衣裤。

（4）穿裤子。用一只手从裤脚底向上拢至裤裆处，使整条裤腿在一只手中。另一只手握住婴幼儿与裤腿同向的一条腿轻轻交到伸在裤腿内的手上。然后把裤腿往上提拉。用同样的方法穿上另一条裤腿。轻轻握住婴幼儿的两踝部，抬高婴幼儿的腿和臀部，把裤子拉至腰部，整理服帖，系好背带。

为婴幼儿穿脱衣裤，应边穿边与婴幼儿交流，让婴幼儿逐渐熟悉、愿意配合更衣。

2. 包裹婴儿

包裹婴儿可以用襁褓或睡袋。襁褓相对睡袋而言包裹得更贴身，可以模拟子宫环境，使刚离开母体的新生儿有安全感。睡袋下端设有拉链，便于打开换尿布。睡袋可以有效防止婴儿踢掉被子着凉生病。也可将襁褓中婴儿放入睡袋保暖。

（1）襁褓包裹。包毯平放在操作台上，将包毯折起一角。把婴儿轻轻放在毯子对角线上，脖子对准顶端。先将一侧毯子角提起向对侧包住婴儿，折转放在婴儿身下。将毯子底下的尾端包住婴儿的脚，在婴儿身下拉平毯子，再将另一侧按相反方向折转包住婴儿的肩膀，松紧适当，翻开折角。

（2）睡袋使用。睡袋有多种款式。可根据婴幼儿月龄选择。应选用宽松型的睡袋，不要给婴幼儿束缚感。

睡袋平放在操作台上，拉开所有拉链口，将穿着内衣的婴幼儿轻轻放入睡袋，拉上所有拉链。

包裹婴儿的目的是保暖、有利婴儿生长发育。因此除使用襁褓、睡袋外，也可上身穿合适的保暖衣用柔软的绒布齐腋下包住，松紧适宜，胸部能插入成人一横手，婴儿双腿能自由蹬踢为宜。

第 4 节　抚抱婴幼儿

一、抱（放）不同睡姿婴幼儿的方法

1. 仰卧

（1）抱起仰卧的婴幼儿。将一只手掌伸到婴幼儿颈下，托起头部、背部，另一只手托住臀部，慢慢稳稳地抱起。在抱起的过程中，同时把婴幼儿的头小心地转放到手的肘弯处，使婴儿的头有一个稳固的依附点。

（2）把婴幼儿放到床上。用一只手托住婴幼儿的头，另一只手托住臀部，慢慢地放下。直到重心已经落到床上。然后先抽出托住臀部的手，用这只手去稍稍抬高婴幼儿的头部，再轻轻地抽出另一只手，用双手轻轻地把头放在床上。不能让婴幼儿的头后坠先碰到床。

2. 侧卧

（1）抱起侧睡的婴幼儿。把一只手放在婴幼儿的头和颈部下方，另一只手从他身体的对面放到臀部上。再轻轻地、慢慢地抬高他，把他抱住。婴幼儿的头不能向下耷拉。把托住婴幼儿头和颈部的手，慢慢滑向他的头部下方，用前臂揽住婴幼儿的身体，肘弯托住婴幼儿的头部，让他躺在怀中。

（2）直接侧睡放下婴幼儿。把婴幼儿直接放到床上侧睡时，先要让他躺在手臂中，头紧靠在肘弯处。然后，直接把他侧放在床上，先轻轻地抽出放在他臀部的手，去抬高婴儿的头，再抽出另一只手，用双手扶好他的头部，再轻轻地放到床上。

3. 俯卧

将一只手掌伸到婴幼儿颈下托起头部，另一只手从婴幼儿的两腿之间插入，用手掌心托住胸口，轻轻反转身体，确保他的重心在手上，慢慢抱起婴幼儿。

4. 放下正在睡眠的婴幼儿

将婴幼儿轻轻抱离身体，一手托住婴幼儿的头颈部，一手托住婴幼儿的臀部，弯腰，先放下婴幼儿的臀部，双手扶住婴幼儿的头，慢慢抽出婴幼儿头颈下的手。不惊醒婴幼儿。

5. 抱起、放下婴幼儿的注意要点

（1）抱起婴幼儿。起抱时，必须托住婴幼儿的头、颈、背部、臀部，防止头下垂，动作轻柔，不快速、突然。根据婴儿情况调整体位，原则为头高脚低。

（2）放下婴幼儿。在放下的过程中，手一直要安全地扶着他的身体，直到他的重心落到床上。不能让婴幼儿的头后垂，先碰到床。动作要轻柔 、平稳。

二、不同月龄婴幼儿的怀抱方法

1. 3 月龄以内

用一只手托住婴儿的背、脖子和头，用另一只手托住他的臀部和腰部。

2. 3～4 月龄

婴儿已抬头很好，能自己控制头颈部的肌肉了。用向前抱的姿势，把一只手放在他的两腿中间，另一只手从前面围住婴儿的胸部。把他面向前抱着，能促进婴儿视感知发育，但时间不能太久。

3. 4～6 月龄

婴儿已能自己支撑头部抬起胸了。护住腰围，逐渐直身竖抱。

4. 6 月龄以后

婴儿从靠坐逐渐到能够独坐了，可以竖抱婴儿，但仍要注意保护腰部。

三、带婴幼儿外出的怀抱方法

带婴幼儿外出可借助背兜，背兜要选择柔软、袋状式，能完全兜托扶住婴幼儿的身体。对小婴儿要注意支撑好头部和颈部，背兜可以背在成人胸前或后背。背在胸前婴幼儿可面朝外或朝成人。面朝成人，婴幼儿与成人面视，可以亲子互动。面朝外可以扩大婴幼儿的视野。

第5节　清洁卫生

一、婴幼儿的清洁与盥洗

人体皮肤具有抵御细菌入侵的屏障作用，还有调节体温和感受外界刺激及排泄废物等功能。婴幼儿皮肤娇嫩，易受伤害。对婴幼儿进行清洁与盥洗，能保持皮肤的清洁，促进新陈代谢，改善血液循环，是保护皮肤功能的重要措施。通过经常为婴幼儿清洁盥洗还能培养婴幼儿良好的卫生习惯。

1. 五官的清洁

（1）口腔清洗。婴幼儿口腔黏膜非常柔嫩，容易引起感染。为婴幼儿护理口腔时，成人的手不能伸入婴幼儿口腔，不能用纱布擦洗，因为婴幼儿口腔黏膜易被擦伤感染，成人的手会将细菌带入口腔。为新生儿清洁口腔可用消毒棉签，蘸上温开水，轻轻清洁擦洗。当婴儿出牙时，口腔的护理更重要，每次喂食后，再喂几口白开水，以便把残留食物冲洗干净。也可戴上专用指套牙刷或棉签帮助清除食物残渣，轻轻按摩牙龈。人工喂养及母乳喂养的婴儿都不要含着奶头睡觉，否则会发生“奶瓶龋”。2 岁开始教幼儿漱口，2 岁半到 3 岁用儿童专用牙刷、牙膏，帮助婴幼儿学习刷牙，使婴幼儿逐渐学会正确的刷牙方法。

（2）清洁眼、鼻、耳

1）清洁眼部。护理前应洗净双手。如婴幼儿双眼被分泌物封住，可用消毒棉签蘸些温开水，由内眦向外眦轻轻揩拭（两眼分别用两根棉签），再用毛巾从内眦向外眦将眼清洗干净。

2）清洁鼻部。当鼻痂堵塞鼻孔时，可用棉签在温水中蘸湿后，滴一滴水在婴幼儿鼻腔中，软化鼻痂，有利鼻痂排出。平时如遇到污物、鼻涕等堵塞鼻腔，要随时清除。能直接看到的鼻屎，可用温湿棉签，甩去多余水分，小心地轻轻伸入鼻孔（不能深），把鼻屎卷出。给婴幼儿清洁鼻腔时，动作要轻、要慢，当棉签伸入鼻孔后，婴幼儿会立即做出反应，躲闪、摇头都可能碰伤鼻黏膜。所以婴幼儿感到不舒服、反感时不要勉强，应立即停止，等之后慢慢再清洗。不要让婴幼儿产生厌恶感。千万不能用发夹、火柴棒等挑挖，以免损伤鼻黏膜。

鼻孔本身也有自行清洁功能，受到刺激时会打喷嚏，将鼻腔内的脏物排出，起到保护鼻腔的作用。

3）清洁耳部。耳道内黄色分泌物是耳垢，能起到保护作用。不要去掏婴幼儿的耳垢。在给婴幼儿清洁耳朵时，只可轻轻擦洗耳廓部分，不要触及外耳道。如耳垢多堵塞耳道或在清洗中牵引婴幼儿耳廓时有剧哭现象，较大幼儿会诉耳痛，则耳道感染的可能性很大，应及时就医。

2. 手脚与指（趾）甲的清洁

（1）洗手脚。婴幼儿的手经常会弄脏，即使是新生儿也要经常洗。新生儿紧捏拳头的手会出汗，衣服中的脏物也会进入手中。洗手（脚）时为婴幼儿准备一盆温水，以成人手背感温觉即可。将婴幼儿的衣（裤）袖卷起，轻轻掰开婴幼儿的小手（脚），用小毛巾在水中轻轻清洗。肥皂抹在成人手上，轻轻搓捏婴幼儿的小手（新生儿及洗脚时不必用肥皂），再用清水清洗干净。注意指（趾）缝都要洗净。洗毕用毛巾轻轻擦干，指（趾）缝间的水要吸干。动作要轻柔，在与婴幼儿的互动中使其配合并逐渐明白洗手（脚）的含义。2 岁以上幼儿教他学习自己洗手。

（2）修剪指（趾）甲。婴幼儿的指（趾）甲要经常修剪。指（趾）甲内藏有许多细菌，抓破皮肤后易引起感染，对婴幼儿健康有害。要经常查看婴幼儿指（趾）甲情况，一般一周修剪一次。新生儿如指甲长也应修剪。修剪工具应专用，避免交叉感染。选用婴幼儿专用的圆头指甲钳及特制的婴幼儿剪刀，保证安全。

为婴幼儿修剪时动作一定要轻柔，育婴师用左手拇指、食指和中指固定需剪指（趾）甲的手指（趾），右手握指甲钳或剪刀，然后再修剪。指（趾）甲不要剪得太深，以免损伤皮肉，造成婴幼儿害怕剪指（趾）甲。指（趾）甲应剪平，两边只需稍稍修剪。如婴幼儿哭吵不肯剪，不能勉强，可待婴幼儿睡熟后再轻轻修剪。

3. 洗脸、头、臀部、会阴

（1）洗脸

1）准备工作。准备好专用脸盆、小毛巾、润肤油（必要时用）、温水。备水必须先放冷水后再放热水，合适的水温一般在34℃左右，略高于皮肤温度但低于体温，用手背试，有温热感，不觉得烫。

2）步骤

①育婴师剪短指甲，洗净双手。

②先清洁嘴边口水、奶渍、食物及鼻部分泌物。

③把毛巾对折，再向另一方向对折。毛巾洗一处换一面。

④洗脸顺序。眼→额→两颊→下颌→嘴→鼻→耳。洗完脸必要时可涂少量润肤油，用指腹轻轻揉匀。

（2）洗头

1）准备工作。准备好专用的盆和毛巾，无刺激性的婴儿皂或无泪配方的洗发露，温水。

2）步骤

图2—7　洗头

①育婴师剪短指甲，洗净双手。

②婴幼儿仰卧在育婴师的左前臂上，左手托住婴幼儿头、颈部，婴幼儿躯干搁在育婴师的左前臂上。育婴师左前臂托住婴幼儿的背和腰，用肘臂弯和腰部夹住婴幼儿的下肢。育婴师左手拇指和中指轻轻从头后朝前按住外耳廓，让耳廓堵住外耳道，防止水流入耳道，如图2—7所示。

③育婴师右手用毛巾先将头发淋湿，手抹婴儿皂（婴儿洗发露），轻轻按摩婴幼儿头部，不能用指甲抓洗。

④然后用清水洗净皂液，轻轻擦干头发。擦净眼和吸干耳孔水。洗头时，每周只可用肥皂1~2次，不能天天使用。小婴儿头上有一层皮脂遮盖，洗头时不能强行剥去；可将婴儿油涂抹在婴儿头上，使头垢软化后用温水轻轻洗去。

（3）清洁臀部、会阴

1）准备用物。准备好盆、毛巾、护臀膏。水温最好在 36 ~ 37℃，用手背试温，不烫手有温感就可以了。清洁臀部、会阴时不用肥皂，注意保暖。

2）步骤。先换下脏尿布。有粪便时先用尿布干净处或纸巾轻轻擦去臀部粪便。

①单手洗。将婴儿抱起轻轻抓住其大腿根部，向上抱使婴儿紧靠在成人身上；使婴儿臀部在前臂下露出，置于水盆上。用另一手取毛巾从前往后轻轻冲洗，如图 2—8 所示。皱褶处、腹股沟均要清洗干净。男婴要注意阴囊下冲洗干净。洗后用毛巾轻轻吸干臀部及皱褶处水分，不能用力擦拭，以免损伤皮肤。然后涂上护臀膏（最好用鞣酸软膏，没有护臀膏时可用清洁的植物油）。

②把尿式洗。由两人配合进行。一人将孩子抱成“把尿式”姿势，另一人蹲在孩子的对面，从前往后洗。

③孩子蹲式洗。已会走路的较大幼儿可采用这种方法。只需一个成人完成。成人坐在小凳上，两腿分开；幼儿蹲在大人的两腿之间，两只小手放在大人的左腿上；水盆放在幼儿屁股下；从前往后洗。

每次洗完屁股后，要注意检查尿道口、会阴部和肛门周围，如发现有发红、发炎等情况，要及时处理。

图 2—8　单手洗臀部

为婴幼儿清洁会阴时要注意保护尿道和女婴会阴部位的清洁。用水清洁时毛巾应从尿道口向肛门方向洗。清洁阴囊下面时，应用手轻轻将睾丸托起再进行。清洗时，新生女婴不翻开大阴唇、男婴不上翻包皮。洗毕必须擦干水分，可涂护臀膏，但不能扑粉。

4. 洗澡、擦澡

（1）洗澡

1）准备工作。根据年龄准备浴盆、脸盆、污物盆、防滑垫、婴儿皂（婴儿沐浴露）毛巾、浴巾、棉签、爽身粉、护臀膏、更换衣服、尿布、玩具。注意保温，调节室温为22～26℃，水温为38～42℃（如果没有水温计，可以用肘部试温，温度不烫为宜）。育婴师应剪短指甲不戴首饰，洗净双手。

2）操作。先为婴幼儿洗脸、洗头，再洗身体。

①婴儿沐浴法

【洗法一】可在洗澡盆上架上婴儿澡盆架。让婴儿躺在架子上。洗澡顺序先上后下，先前胸后背部。

【洗法二】将婴儿放入水中，用左臂托住头、背和腋窝，如图2—9所示。从颈部开始，依次洗净上、下身，注意洗净颈、腋下、肘窝、腹股沟、会阴、手心、指缝、趾缝等皮肤皱褶处。然后让婴儿俯卧在右手上，右手托住婴儿的左腋下、下巴及前胸部，用左手洗背部、臀部及下肢。

洗完后立即把婴儿从水中抱起，放在干浴巾上包裹好，轻轻拭干水分，暂时垫上尿布，扑婴儿爽身粉，涂护臀膏、兜尿布、穿衣。

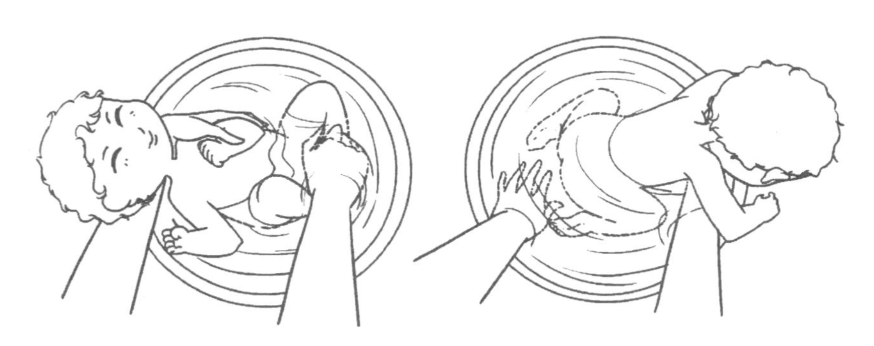

图2—9　婴儿沐浴洗法二

②幼儿沐浴法。幼儿洗澡时在澡盆底部垫防滑垫（毛巾也可以）、放漂浮玩具，增加安全性和趣味性。洗澡按先上后下，先前胸后背部的顺序进行。洗上半身时扶幼儿坐稳，洗下半身时必须扶幼儿站稳，防滑跌。洗完后立即把幼儿从水中抱起，放在干浴巾上包裹好，轻轻拭干水分，扑爽身粉，穿衣。

3）沐浴注意要点

①皮肤有感染时不宜洗澡。

②进食后1～2 h洗澡为宜。

③洗澡过程中不加热水。

④洗澡最好在 10 min 内完成，避免婴幼儿因体力消耗而感到疲乏。

⑤注意安全、防滑。婴儿洗澡过程中，应始终注意用手掌托住婴儿头部，防止发生颈椎意外。

⑥不要让婴幼儿一个人在浴室中，以免发生意外。

⑦冬天注意保暖。

⑧扑粉时防止粉进入眼、鼻、耳、口。

（2）擦澡。对特殊情况或无条件洗澡的婴幼儿可用擦澡方法清洁皮肤。

1）准备工作。根据年龄准备物品，如脸盆、污物盆、毛巾、浴巾、扑粉、护臀膏、更换衣服、尿布等。擦澡时注意保暖，冬天调节好室温为 22～26℃，水温为 38～42℃。育婴师应剪短指甲，不戴首饰，洗净双手。

2）操作。先清洁头面部。根据气温、室温，解开（或脱去）婴幼儿上身衣服。挤干温湿毛巾，擦洗颈部、抬起手臂擦腋下。脱一侧袖子，擦洗上臂、前臂、手掌、手指、指缝。再擦胸腹部。同法擦另一侧上肢。轻翻婴幼儿肩胛，使婴幼儿面向育婴师侧卧位，露出后背，擦背部。轻翻婴幼儿身体，使婴幼儿背对育婴师侧卧，擦另一部分背部。上身擦完后盖上浴巾。脱去裤子、袜子，擦洗腿和脚（包括脚趾缝）。颈、胸背、腋下扑少许粉，及时穿上衣裤、袜。最后清洁会阴、臀部。用温湿的毛巾从前往后轻擦。完毕后包上干净的尿布。注意全程保持毛巾清洁，不重复使用，注意保暖。

二、环境、物品的清洁、消毒

1. 常用物品的清洁、消毒

（1）奶具的清洁和消毒（见图 2—10）

图 2—10　奶具的清洁和消毒

1）洗净双手。倒去剩余奶液。

2）在流动水下用奶瓶刷刷净奶瓶内外侧，刷净瓶盖、螺纹；用奶嘴刷刷洗奶嘴，不留有奶渍。奶瓶、奶嘴冲洗干净后放入消毒锅。

3）长柄钳洗净，同时放入消毒锅内。

4）加水。水必须浸没物品。

5）煮沸后再煮 10 min。若中途添加其他消毒物品，应重新煮沸后再计时 10 min。

6）沥干水后放在消毒锅内保存，或盖上消毒奶嘴盖。

（2）小床的清洁。育婴师用专用盆、抹布，每天用清水，按照由内到外、由上到下的顺序，仔细擦洗小床所有部位。不能有积灰、浮灰；不能有死角。清洁小床的抹布勤搓洗。小床湿擦后再用干净的干抹布擦去水渍。

（3）席子的清洁。育婴师用专用盆、抹布，每天用热水或温水，顺着席纹从上到下，从左到右，仔细用力有序地来回擦，不留空隙。清洁席子的抹布要勤搓洗。席子正反两面都要擦净，擦净后晾干。

席子被尿湿后必须及时清洗，保持干燥。新买的草席必须用开水烫过晾干后使用。

（4）床上用品的清洁。所有动作都必须小心轻拆，轻轻去除内胆，拆下枕套、被套。从床一头开始轻轻取下床单，不抖动，防污物飘落。检查污渍及查看床上有无玩具、污物、异物。拆下的枕套、被套、床单放洗衣盆内。用温水浸泡床单、枕套、被套；用中性肥皂洗涤，过水漂洗干净；太阳晒干。

2. 环境的清洁、消毒

（1）空气。每天开窗通风，每次不少于 30 min，保持室内空气新鲜，如图 2—11 所示。

图 2—11　开窗通风

（2）除尘。每天进行湿性扫除，避免灰尘飞扬。

（3）温度与湿度。居室保持适宜的温度与湿度。冬季一般为 18 ~21℃，夏季为 25 ~26℃。遇到干燥天气，或室内空气较干燥时，可洒水或器皿内盛水蒸发水分，也可用增湿器增加空气湿度。

第 3 章

保健与护理

第1节　体格发育

一、体格生长

1. 体重

体重是反映儿童生长与营养状况的重要指标。新生儿出生的平均体重，男婴为3.3 kg，女婴为3.2 kg。出生后有生理性体重下降（下降幅度为出生体重的7%～9%），出生后3～4天降至最低点，第7～10天回复到出生体重。婴儿年龄越小体重增长越快，见表3—1。

表3—1　不同月龄小儿体重的增长值

年龄	体重（g/月）
0～3个月	800～1 000
3～6个月	500～600
6～9个月	250～300
9～12个月	200～250

体重估算法：3～12月体重(kg)＝（月龄＋9)/2

1～6岁体重(kg)＝年龄(岁)×2＋8

2. 身长

身长是指头顶至足底的长度。出生时一般为50 cm，身长的增长与体重一致，即年龄越小增长越快，见表3—2。1岁时平均身长约为75 cm，2岁时平均身长约为87 cm。

表3—2　不同月龄小儿身长的增长值

年龄	身长（cm/月）
0～7个月	2.5
7～12个月	1.5

身长（高）估算法：2～6岁身长(高)(cm)＝年龄(岁)×7＋77

3. 头围

头围反映脑和颅骨的发育程度。新生儿头围平均为34 cm，在头半年增加9 cm，后半年增加3 cm，1岁时头围平均约46 cm，第二年增长约2 cm，2岁时头围约48 cm。5岁时头围约 50 cm。

4. 胸围

胸围反映胸廓、胸背部肌肉、皮下脂肪及肺的发育程度。出生时胸廓呈圆筒状，胸围约 32 cm，至 1 岁左右胸围约等于头围，1 岁后胸围逐渐超过头围。婴儿时期营养状况好、皮下脂肪丰满，也可以胸围大于头围。如果裤带久束胸廓，易发生肋外翻。

5. 囟门

囟门是颅骨之间的空隙，如图 3—1 所示。

(1) 前囟。前囟位于额骨和顶骨之间。前囟大小个体差异大，其范围为 0.6 ~ 3.6 cm。出生后 6 个月内随头围增大而变大，6 个月后逐渐变小，一般在 12 ~ 18 个月时闭合。

(2) 后囟。后囟位于枕骨与顶骨之间。在出生时或出生后 2 ~ 3 个月内闭合。

6. 牙齿

乳牙共 20 颗。萌牙的早晚和顺序个体差异较大，第一颗乳牙萌出的月龄为 4 ~ 10 个月，但 10 ~ 12 个月萌出仍属正常，约 2 岁半 20 颗乳牙出齐。乳牙萌出顺序如图 3—2 所示。

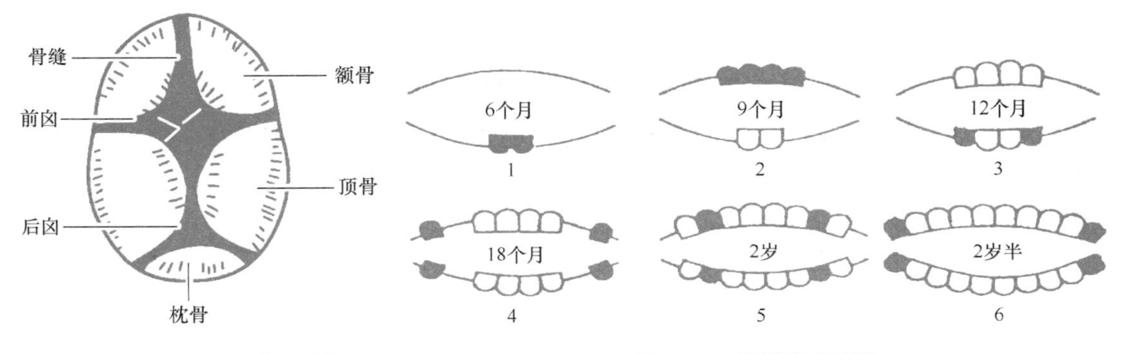

图 3—1　婴幼儿的前后囟门

图 3—2　乳牙萌出顺序

二、测量方法

1. 体重测量方法

量具为杠杆秤。脱去婴幼儿的衣、帽、鞋、袜，只剩单衣、单裤。测量时婴幼儿宜空腹，排去大小便。量具矫正至“零”点。新生儿磅秤读数至 10 g，婴幼儿磅秤读数到 50 g。在测量过程中，婴幼儿可取卧位，1 ~ 3 岁可取坐位。测量时需要注意保暖及安全。每次测量固定时间为宜，便于比较。

2. 身长（高）测量方法

3岁以下婴幼儿平卧于测量床，脱去帽、袜、鞋，穿单衣，两耳在同一水平线，头接触顶板并固定。测量者左手按住两膝使双腿伸直，右手移动足板使接触双足底，量板两侧读数应一致，精确到0.1 cm。3岁以上可用身高计或将皮尺钉在墙上测量。枕部、双肩、臀及足跟应紧靠身高计或墙壁。要求幼儿直立、两眼前视，两侧耳廓上缘与眼眶下缘连成一条水平线，移动量板紧贴头顶，读数精确到0.1 cm。每次测量固定时间为宜，便于比较。

3. 头围测量方法

测量者位于婴幼儿的前方，用左手拇指将软尺零点固定于婴幼儿右侧眉弓上缘，软尺从右向后经枕骨粗隆（该处用左手中指固定），绕过左眉弓上缘回到零点，读数精确到0.1 cm。

4. 胸围测量方法

婴幼儿取卧位或立位。立位时，婴幼儿两手下垂，测量者用左手将软尺固定于右乳头下缘，绕经背部在两肩胛角下缘绕至左侧乳头下缘回到零点，取呼气和吸气时的平均数，读数精确到0.1 cm。

三、监测时间

新生儿出生后要测量体重和身长，生后14天及28天分别再次测量一次。生后第一年每3个月检查一次（一般为出生后3、6、9、12月龄各一次），出生后第2～3年每6个月检查一次（一般在生后18、24、30、36月龄各一次），3岁以上的儿童每年检查一次。定期健康检查的时间可因地制宜。

第2节　预防接种

一、预防接种

1. 计划免疫

计划免疫是指国家根据传染病的疫情检测及人群免疫水平的调查分析，有计划地为应免疫人群按年龄进行常规预防接种，以达到提高人群免疫水平，控制及消灭相应传染病的目的。

（1）计划免疫疫苗。婴儿出生后的头 6 个月内，有来自母体的一些抗体，因此 6 个月以内的婴儿是不易得传染病的。6 个月以后，小儿体内来自母体的抗体逐渐减少，免疫力减弱，得各种传染病的机会增多。计划免疫疫苗为国家免费提供接种。

1）卡介苗。用于预防结核病。

2）脊髓灰质炎活疫苗。用于预防脊髓灰质炎（小儿麻痹症）。

3）百白破疫苗。用于预防百日咳、白喉、破伤风。

4）麻腮风活疫苗。用于预防麻疹、腮腺炎、风疹。

5）甲肝、乙肝疫苗。用于预防甲型肝炎、乙型肝炎。

6）流脑疫苗。用于预防流行性脑膜炎。

7）乙脑疫苗。用于预防流行性乙型脑炎。

（2）计划免疫疫苗接种程序（见表 3—3）

表 3—3　　上海市第一类疫苗接种程序（≤16 岁人群适用）

接种起始年龄	乙肝疫苗	卡介苗	脊灰疫苗	百白破疫苗	流脑 A 群疫苗	麻疹疫苗	乙脑疫苗	麻腮风疫苗	甲肝疫苗	流脑 AC 群疫苗	白破疫苗
出生 24 h 内	√										
0 月龄		√									
1 月龄	√										
2 月龄			√								
3 月龄			√	√							
4 月龄			√	√							
5 月龄				√							
6 月龄	√				√						
8 月龄						√	√				
9 月龄					√						
18 月龄				√				√	√		
2 岁							√		√		
3 岁										√	
4 岁			√					√			
6 岁										√	√
16 岁/初三											√
特定人群	√					√					√

2. 计划外免疫

计划外免疫所预防的传染病没有计划内免疫所预防的传染病严重，但也有治愈难、一旦患病会有后遗症等特点，对小儿的健康有一定的危害影响。目前部分疫苗由国外进口，价格较贵。国家采取家长自主决定，自付费的形式。目前计划外免疫所采用的疫苗，是安全、优质的疫苗。家长可根据情况正确选用。计划外免疫适应对象见表3—4。

表3—4 上海市第二类疫苗免疫程序（08版）

	出生24 h内	1月龄	2月龄	3月龄	6月龄	7月龄	12月龄	18月龄	2岁	3岁	5岁	12岁	13岁	16岁	18岁	19岁	20岁以上
Hib疫苗			B型流感嗜血杆菌结合疫苗														
肺炎球菌疫苗				7价肺炎球菌结合使用					23价肺炎球菌多糖疫苗，接种1剂，≥5年可复种1剂								
轮状病毒疫苗			1剂，每年接种1剂														
流感疫苗					儿童剂型2剂，间隔4周，每年接种1次					成人剂型1剂，每年接种1次							
水痘疫苗							1剂						2剂，间隔6～10周				
甲肝疫苗							儿童剂型0、6个月各1剂									成人剂型0、6个月各1剂	
霍乱疫苗									初次接种0、7、28天各1剂，已接种者每年1剂								
甲乙肝疫苗														0、1、6个月各1剂			
狂犬病疫苗	全程免疫0、3、7、14、28天各1剂，1年内再次暴露0、3天各1剂，1～3年内再次暴露0、3、7天各1剂，超过3年全程免疫																

（1）Hib疫苗。适用于2月龄到5岁儿童。

1）普则欣（默沙东）免疫程序有3种

①2～10月龄接种2剂，间隔2个月，12～15月龄接种第3剂。

②11～14月龄接种2剂，间隔2个月。

③15～71月龄接种1剂。

2）贺新立适（葛兰素史克）免疫程序有3种

①2～6月龄接种3剂，间隔1～2个月，15～18月龄接种第4剂。

②7～11月龄接种2剂，间隔1～2个月；15～18月龄接种第3剂。

③≥12月龄接种1剂。

3）安尔宝（巴斯德）免疫程序有3种

①2～5月龄接种3剂，间隔1～2个月，次年接种第4剂。

②6～12月龄接种2剂，间隔1～2个月，次年接种第3剂。

③≥13月龄接种1剂。

（2）肺炎球菌疫苗。7价肺炎球菌结合疫苗适用于3月龄到5岁儿童。免疫程序有4种。

1）3～6月龄初种3剂，各剂间隔≥1个月，12～15月龄接种第4剂。

2）7～11月龄初种2剂，间隔≥1个月，≥13月龄接种第3剂，并与第2剂间隔≥2个月。

3）12～23月龄初种2剂，间隔≥2个月。

4）24月龄～5岁接种1剂。23价肺炎球菌多糖疫苗适用于≥65岁人群和2～64岁有慢性疾病、体弱或免疫功能受损者。

（3）狂犬病疫苗。暴露前免疫接种3剂，按0天、7天、28天接种，以后每年接种1剂。

3. 预防接种的注意事项

（1）预防接种禁忌证

1）有严重心、肝、肾疾病。

2）神经系统疾病者，如癫痫、脑发育不全。

3）有哮喘、荨麻疹等过敏体质者。

4）重度营养不良、佝偻病、先天性免疫缺陷者。

5）罹患各种疫苗说明书规定禁忌者。

（2）暂缓预防接种情况

1）接种部位有严重皮炎、牛皮癣、湿疹及化脓皮肤病者。

2）发热体温高于37.5℃者。

3）每天排便次数超过4次者，暂缓服用脊髓灰质炎疫苗。

4）最近注射过白蛋白、多价免疫球蛋白者，6个星期内不应接种麻疹疫苗。

4. 预防接种的护理

（1）接种前准备

1）给婴儿洗澡清洁皮肤，更换干净衣服。

2）接种前适当进食，不宜空腹。

3）如婴儿在接种前有特殊情况应及时与医生联系。

（2）接种后护理。接种后出现发热、局部红肿、硬结等是正常反应。接种后要加强观察和护理。

1）接种后观察15～30 min后方可离开医院。

2）适当休息，多饮水，吃清淡易消化食物。

3）当天不要洗澡，以防局部感染。

4）如出现异常情况，应立即到医院就诊。

第3节　常见疾病的发现与护理

一、常见疾病护理的基本原则

1. 早发现、早治疗

婴幼儿年龄较小，还不能用语言准确表达病痛，需要育婴师细心观察，尽早发现异常情况，方可及时进行治疗。婴幼儿出现异常情况时不要盲目处理，需要迅速去医院就诊。

2. 注意辨别婴幼儿的啼哭及其原因

哭闹是婴幼儿表达需求和痛苦的一种方式。婴幼儿受到饥饿、困乏、需排尿或排便等内在生理的刺激，或外界冷、热、湿、疼痛、痒、疾病或精神上的刺激均可引起哭闹。

婴幼儿哭闹的原因有生理性和病理性两大类。

（1）生理性哭闹。哭声有力，除哭闹外无其他异常表现。首先应考虑是否由于饥饿，尿布潮湿，衣被过冷、过热，体位不适，排便，光线过强，痛痒，虫叮咬等所致。有的婴儿在睡前常哭闹，应立即安排睡眠则可停哭。有的夜间哭闹而白天多睡，日夜生活规律颠倒，则需纠正其生活规律。

（2）病理性哭闹。凡能引起身体不适或疼痛的任何疾病，均可引起小儿哭闹不安，甚至在其他临床症状不明显前，即表现为哭闹。病理性哭闹以腹痛、耳痛、头痛、口腔痛较常见，婴儿在哭闹前往往有烦躁不安的表现，啼哭常较剧烈，而且持续。除生理性哭闹外，不明原因的哭闹均应立即到医院就诊。

3. 善于从婴幼儿日常生活表现中发现异常

如果婴幼儿口齿不如同龄儿童那样清晰，应观察是否因舌系带过短影响了发音。婴幼儿对周围环境中突然出现的较大声响反应淡漠，应考虑是否有听力异常。婴幼儿经常看东西时歪头或靠得很近，应考虑是否有斜视或视力异常、斜颈等问题。只要细心观察，就可在早期发现疾病。

4. 观察婴幼儿的精神状态

婴幼儿的精神状态是反映病情轻重的重要指标。一般来讲，如果面色红润、眼睛有神、正常玩耍、食欲好、逗之能笑，说明病情不重；如婴幼儿面色发白、眼睛无神、哭声无力或异常、不吃奶、烦躁不安或嗜睡、频繁呕吐或腹泻等，都表明病情较重，应及时到医院就诊。

二、基本护理

1. 测量体温

正常的体温：口腔为36.5～37.5℃，腋下为36～37℃，肛温为37.5～38℃。正常情况下每日体温有波动，一般早晨最低，傍晚最高，因喂水、饭后、运动、哭闹、衣被过厚、室温过高均可使小儿体温暂时升高达37.5～38℃，所以要休息半小时后再测量体温。

（1）确定使用的体温表。肛表用于测量直肠的体温，口表用于测量口腔或腋下的体温。3岁以下的婴幼儿不使用口腔测量体温。

（2）测量体温前的准备。育婴师要洗净双手，检查体温表。水银体温计要注意有无破损，水银柱是否甩至35℃以下；电子体温表要注意是否有电，显示是否完整。

（3）体温表的使用

1）水银体温计。用水银体温计测量腋温时，要擦干腋窝内汗液，将水银端置于腋窝，屈臂过胸10 min，取出读数。

2）电子体温计

①腋温。擦干腋窝内汗液，表端置于腋窝，屈臂过胸，直至听到蜂鸣声。

②耳温。将体温计在测试环境中放置30 min以上，使体温计与环境温度保持一致。将耳朵轻轻往后拽，将探测器贴着耳孔朝鼓膜方向尽可能深地插入，确定测量位置后即可按下“测量”按钮，当听到提示音即表示测量结束，读取显示屏上的测量结果。耳温目前尚无正常值标准，因此仅供参考，不能作为临床是否发热或疾病的诊断依据。

2. 喂药的方法

（1）育婴师给患儿喂药时态度要和蔼，让婴幼儿感到亲切，比较容易配合。如果态度生硬，婴幼儿会对吃药反感而拒绝服用。

（2）喂药前的准备。洗净双手，核对姓名、药名、时间、剂量。喂药水前先摇匀药液，根据医嘱，看准药瓶或量杯上的刻度，倒出需要的用药量；使用喂药滴管，可将药液吸入滴管内备用；喂药片前将药片研碎放温开水并搅匀，若药苦婴幼儿不肯接受可放入少许糖水同服。准备工作完成后给婴幼儿围上小毛巾或围嘴。

（3）喂药。一般0～1岁婴儿的药物是液体的，需要用勺子或滴管喂。使用小勺时，把婴儿抱在肘弯中，药液倒在小勺里，然后将小勺伸入婴儿口中，用勺底压住舌面，慢慢抬起勺子柄，使药物流入口中，待其咽下药液后撤出勺子。

使用滴管时，将婴儿头部抬高，头侧向一侧，左手固定其头部并轻捏双颊，右手拿滴管轻轻挤压橡皮囊让药液从口角沿齿槽方向慢慢滴入，防止呛入，滴管在口角旁停留片刻，直至药液全部咽下。使用滴管时应避免损伤婴儿嘴角的皮肤，喂完后要观察其吞咽情况。

（4）注意事项。因为药物必须在血液中达到一定水平的浓度才有效，所以要严格遵照医生要求的药量和间隔时间喂药。无论婴幼儿如何哭闹不配合，育婴师也应保持镇定的情绪按时按量让婴幼儿把药全部服完，严禁捏住婴幼儿鼻子灌药。

3. 开塞露的使用

当大便干燥、坚硬难以排出时，可以使用开塞露通便。

（1）使用前的准备。将药瓶盖取下，略挤出开塞露的内药物涂在它的外口和颈上。

（2）婴幼儿取俯卧位，暴露肛门。

（3）将开塞露颈部缓慢地插入肛门并将液体挤入（约10 mL）。

（4）拔出开塞露颈部的同时用手捏住肛门口的臀部（使液体不能流出）。

（5）5 min后将手放开，把婴幼儿放在便器上排便。

（6）便后要擦净婴幼儿肛门，清洁被污染的衣裤，并仔细清洁操作人员的双手。

三、发热的护理

1. 发热分度（腋温）

低热为37.5～38℃，中等热为38.1～39℃，高热为39.1～41℃，超高热为41℃以上。

2. 环境

室内定时通风换气，保持空气新鲜，室内温度调整为18～20℃，相对湿度50%～60%，光线应柔和，避免强光刺激。

3. 监测体温

定时为婴幼儿测量体温，便于观察体温升降规律，有助于疾病的诊断。如体温高于39℃，应每半小时测量一次体温。

4. 饮食

应给予婴幼儿高热量、高蛋白、高维生素、易消化的流质或半流质饮食，鼓励少食多餐，多饮水。

5. 降温措施

（1）物理降温

1）加强散热。松解衣被，增加与空气的接触面积，促进体温下降，同时注意腹部保暖。

2）冷敷降温。用冷毛巾敷于前额、腋窝、腹股沟大血管走行处，每 2 ~ 3 min 更换一次。

（2）药物降温。通过物理降温后不能使体温下降时，应按医嘱给予药物降温。用药后 30 min、1 h、2 h 各测量一次体温，观察热型。出汗多时应及时更换内衣，防止感冒。

四、皮肤护理

1. 红臀的预防和护理

红臀又称尿布性皮炎，表现为局部皮肤发红、皮疹、糜烂、溃疡。引起红臀的原因包括：小儿皮肤薄嫩，防御功能不完善，易受损伤，尿布欠柔软，长期使用塑料或橡皮尿布或不透气的一次性尿布，婴儿大便次数多或者没有及时更换尿布导致代谢物刺激皮肤。

预防及护理：①每次大便后用温水将臀部清洗干净，然后先用小毛巾再用纸巾将臀部的水吸干，待局部干燥后方可涂护臀霜。②若有破溃，局部可涂金霉素眼膏以防感染。③若对一次性尿布过敏可用棉质尿布，每次洗净经太阳晒干后再次使用。

2. 婴幼儿湿疹的预防和护理

湿疹是婴幼儿的一种常见病，多在出生后 1 个月左右时发生，一般会随着年龄的增长而逐渐好转。

（1）病因。大多数婴幼儿是先天性过敏体质，再遇到敏感物质（又称过敏源）刺激诱发所致。容易引起婴幼儿敏感的过敏源大多是食物，也包括化学物。母乳喂养有助于预防湿疹。

（2）表现。湿疹表现主要是瘙痒，形态有多种，如红肿、渗出、脱皮、破损，湿疹部位常见于面颊部、头皮、下腭、眉间，严重者可扩散到肩、胸、两臂、小腿外侧。除了积极的治疗外，家庭护理也很重要。

（3）预防和护理的方法

1）尽快找到过敏的原因，并及时排除。容易引起过敏感的刺激物包括蛋、花生和食物的添加剂等，味精也容易加重敏感情况；易引起过敏的物质还包括粉尘、洗洁精、肥皂、洗发水等（婴幼儿洗浴宜选择专用品），以及海鲜、牛奶、鸡蛋等。

2）婴幼儿的衣服宜用纯棉制品，并要宽松、透气，保持皮肤干燥，避免粗糙的衣服边角造成机械性摩擦，婴幼儿禁用化纤和羊毛织物。抱孩子时成人也要着全棉外套。

3）在湿疹部位按医嘱涂抹药膏。

4）湿疹发作时不要进行预防接种。

3. 痱子的预防和护理

夏天天气炎热的时候，痱子一般出现在婴幼儿的颈部、胸部、腋下和背部等汗腺集中的部位。痱子是一个个红色的小丘疹，连成一片，有的还会引起瘙痒。皮肤破损后容易继发细菌感染。

预防的方法：保持房间的凉爽，并保持婴幼儿皮肤的清洁。注意婴幼儿的贴身衣服应该是棉质、透气的，出现痱子后，一般不用药物治疗，只要在出汗后及时清洗皮肤、更换衣服即可。必要时可涂痱子药水。

4. 虫咬皮炎

婴幼儿容易被虫子叮咬，在夏天和秋天比较多见。当被虫子叮咬后，在婴幼儿的胳膊、下肢和脸上会出现许多像小豆一样大小的丘疹，有的硬且还有些痒。

预防虫咬皮炎的措施，主要是避免婴幼儿被虫子叮咬。到户外公园等处，可以穿上长袖上衣和长裤，或者涂防虫子叮咬的药水；在室内注意环境卫生，发现有虫子时，可以使用家用药物灭除；管理好猫、狗等动物，防止跳蚤传给婴幼儿；洗好的衣物晾干后，收衣服时需要检查，保证衣物上没有虫子。

发现婴幼儿被虫子咬伤后，注意不要让婴幼儿用手抓挠，避免引起感染。

五、带婴儿就医

要让婴儿得到及时的诊治，育婴师必须了解婴儿家附近医疗机构的门急诊情况，有哪些专科特色，并要熟悉去医院最便捷的交通路线及到医院所需的时间。

1. 就诊前准备

（1）带好婴儿的奶、水、纸巾（干、湿）、尿布、污物袋等。

（2）冬季带好保暖物品，如帽子、围巾、口罩、外套，夏季带好遮阳伞（帽）、毛巾等。

（3）带好病历卡、医保卡及就医所需费用。如有腹泻，带好大便（装在小瓶内）以便化验。

2. 看病程序

（1）预检处预检分诊。

（2）挂号。

（3）相关科室候诊。

（4）就诊。

1）向医生如实诉明婴幼儿就诊的原因、主要症状、发病时间，以及以往的病史、过敏史等。

2）明确医嘱要求。

3）随访者应问清复诊时间。

4）付款、配药。处方付费后再到药房取药，取药时必须核对药名、姓名、用药剂量、服用方法。有疑问及时与医生联系。

3. 复诊

复诊时带上以往的病史记录及检查报告，供医生参考。

第 4 节　意外伤害预防

一、预防意外伤害的重要性

意外伤害严重危害婴幼儿的健康和生命。近几十年来由于儿童保健工作的发展，传染病及感染性疾病的死亡率呈下降趋势，而意外伤害为 14 岁以下儿童死亡的首要原因。婴幼儿是无法抵抗的群体，一旦发生意外伤害，后果极其严重。婴幼儿意外伤害死亡以窒息、异物为主，婴幼儿的意外事故多由护理不当或疏于照料引起。婴幼儿的意外伤害是应该避免的，也是完全可以避免的，关键要做好预防工作，同时育婴师要学会一旦发生伤害迅速正确处理的技能，减少伤亡及伤残，提高抢救的成功率。

二、引起意外伤害的原因

1. 婴幼儿的相关因素

婴幼儿自控能力差、多动好奇、动作不协调、缺乏自我保护意识。

2. 婴幼儿生活的周围环境

婴幼儿生活环境中存在潜在危险（室内及室外）。家庭教育不恰当（缺乏独立性训练）、不恰当的平时示范行为等都有可能引起意外伤害。

3. 家长、育婴师、其他监护人

家长、育婴师或其他监护人平时疏忽，缺乏预见性、责任心，自己劳累、疲乏、心情不佳等，文化水平、经济收入低等，也有可能引发意外伤害。

三、不同年龄阶段常见的意外伤害

1. 新生儿期

皮肤烫伤、跌伤、窒息。

2. 婴幼儿期

异物、窒息、中毒、跌伤、溺水、车祸。

四、引起常见意外伤害的环境及物品

1. 活动场所

（1）常见原因。户外活动场地不平整、室内外地面水泥地易引起婴幼儿跌伤。弹簧门关启速度快易夹伤婴幼儿手指（趾）。门窗插销损坏或未插，风吹后玻璃打碎可能伤害婴幼儿。墙角、桌、椅角尖锐易撞伤婴幼儿，地面打蜡或有水易使婴幼儿滑倒。门口、楼梯口无护拦，婴幼儿易走向“危险区”。

（2）防护。婴幼儿活动场地应平整，以草坪、木地板或铺地毯等为宜。门不装弹簧，门应朝外开，平时应开启并固定，并装有门栏。窗户打开应立即插牢插销，损坏的插销应及时维修。窗户应装栏杆。所有用具、墙角都应圆角，有尖角的家具套上塑料防护角。地面保持干燥，不让婴幼儿在打蜡的地板上活动。

2. 生活用品

（1）常见原因。婴幼儿睡床无护栏或护栏低于婴幼儿腰部，婴幼儿易发生坠床。热水瓶、饮水器、热烫锅、粥锅、取暖器、热水袋、家用电器、电插座、刀、剪子、扣子、别针等随地放，煤气淋浴器安装不妥、使用不当，婴儿易接触而烫伤、触电、割伤、异物吸入、煤气中毒。

（2）防护。婴幼儿睡床护栏高度与婴幼儿齐胸。热水瓶等热物和家用电器、不安全生活用品放在婴幼儿接触不到的地方。取暖器要有防护栏。不用的电插座要封闭。煤气淋浴器应规范装置，注意经常检查维修，及时调换。厨房间、卫生间平时应关上，不让婴幼儿进入。热水袋水温60℃以下为宜，盖子拧紧，使用时用毛巾包裹。

3. 玩具

（1）常见原因。玩具锐利，体积过小，带有毒性，如制造粗糙的铁制玩具利口易割伤、刺伤婴幼儿；小珠子、小豆子、脱落的动物玩具的装饰物、配件，如眼睛、纽扣等小于2 cm的玩具，婴儿易放入口中，造成误吞或吸入气管窒息；涂有含苯铅油漆颜料的玩具，有毒的塑料玩具，都会造成婴儿接触或放入口中而中毒。

（2）防护。婴幼儿玩具应买光滑、无毒性、能抓握但不易吞入的，玩具的装饰辅件要牢固，经常检查，及时修补。

4. 药物

（1）常见原因。家长给婴幼儿服药未认真核对姓名、药名、用量及服法；擅自将成人药减量或将婴幼儿曾经服用剩余的过期药、变质药给婴幼儿服用；采用不科学的偏方擅自为婴幼儿治疗某种疾病；内服外用药混放，误将外用药当内服药给婴幼儿服用；家庭中的药品随便乱放，使婴幼儿能拿到成人药品放入口中；灭鼠药、灭虫药、农药放置不妥，使婴幼儿能接触误入口等，均可造成婴幼儿药物中毒，甚至危及生命。

（2）防护。家庭应有内服、外用药分开放置的专用药柜，并放在婴幼儿拿不到的场所或加锁保管。婴幼儿用药必须有正规儿科医师处方，按医嘱服用。服药前必须核对姓名、药名、服药剂量、服法。过期的、变质的、标签不清的药物不得使用。成人的药、灭虫灭鼠药、农药要妥善存放，避免婴幼儿接触。

5. 食物

（1）常见原因。过期的奶粉、辅助食品、变质食品，未经煮透煮熟的食物和外买的熟食；整粒的瓜籽、花生、豆子、糯米粉制作的黏性食物、果冻、面条太长、喂食时速度过快，婴幼儿来不及吞咽；喂奶（人工喂养）、喂水、喂食太烫；带刺、带骨、带核的食物等，都可能引起婴儿腹泻、食物中毒、异物吸入气管或噎着、烫伤、刺伤婴幼儿的食管。

（2）防护。婴幼儿的食品必须新鲜，烧熟煮透，不吃过期食品和外买熟食，不吃糯食及整粒果仁，不吃果冻。面条必须切短煮烂。所吃食物应仔细去刺、去骨、去核。给婴幼儿喂的奶及一切热的食物都必须先试温后喂食。喂食时必须耐心慢喂。让婴幼儿吃一口咽一口，再喂一口。

6. 其他

（1）常见原因。母婴同睡一床，躺着哺乳，会造成婴幼儿呛奶。口含食物不咽下，喂食时逗引、嘻笑或哭吵硬喂易造成呛食。为婴幼儿盥洗水温过高会烫伤婴幼儿。婴幼儿床周围放有物件如小毛巾、衣服、尿布、围巾、塑料袋，怕受冷而蒙被，外出包裹严严实实也会造成窒息。家中养的小狗、小猫会抓伤婴幼儿。井口、水缸未加盖易引起溺水。婴幼儿乘坐轿车无安全装备等可能因车辆突发情况而发生意外。

（2）防护。婴幼儿睡眠应独睡小床。母亲应抱婴幼儿坐着哺乳，每次婴幼儿喂哺后必须排出空气，从小培养婴幼儿良好的进食习惯，喂食结束，检查婴幼儿口腔内有否残留物，为婴幼儿盥洗备水应先放冷水后放热水，用手背试温。婴儿床周不能放任何东西，不蒙被。有婴幼儿家庭最好不养宠物。不能让婴幼儿与宠物独处一室，带婴幼儿外出乘坐轿车，应让婴幼儿坐在安全椅上（见图3—3），以防万一。婴幼儿洗澡时，成人如需离开浴室，必须同时把婴幼儿抱走，不可让婴幼儿单独留在浴缸内。井口、水缸应加盖，否则易致溺水。

五、意外事故的急救处理

图3—3 安全椅

1. 创伤

（1）简单性创伤。创伤部位局限于直接受伤处，包括表皮的擦伤、挫伤、切割伤、刺伤、裂伤等。

1）首先检查伤口大小、深度、有无污染及异物存留，及时用冷水或肥皂水清洗伤口，并将可见异物清除。

2）擦伤。轻者涂安而碘，重者需要消毒包扎。

3）切割伤。创口浅表、出血不多可局部清洁后涂红药水，用创可贴牵拉伤口；出血多而深，用消毒纱布包扎压迫止血，抬高出血肢体并及时送医院。

4）刺伤。创口小但创底深，有污物带入，应立即送医院处理。如刺入物较干净而浅，可将刺拨出，用力挤出血液，涂上3%碘酊，用消毒纱布包扎。

5）挫伤。皮下出血时不能用手揉受伤部位，应立即冷敷，24～48 h后热敷。如头部挫伤血肿，应注意观察小儿有否因头外伤出现呕吐、意识障碍等神经精神症状，出现异常应立即送医院。

（2）复杂性创伤。除局部创伤外，若还有其他组织与脏器的损伤，应立即送医院。在转院过程中尽量减少体位及肢体的移动，用消毒巾包裹创面，如有因事故所致的肢体分离部分，用消毒巾包裹一起带去医院，以便再植。

2. 烫伤

（1）烫伤的预防

1）不要把热的食物或开水放在桌子边缘，防止不小心碰倒后洒在婴幼儿身上。

2）抱婴幼儿的时候不要端热饮料或较热的食品，外出吃饭尤其要注意。

3）喂食的汤、粥等要晾温后才可以让婴幼儿接近。

4）为婴幼儿洗手、洗澡时应先放凉水再放热水。把婴幼儿放进浴缸洗澡之前，要用手试试水温，最好用温度计测试一下，水温在38～42℃为宜。

5）不要让婴幼儿靠近热水龙头，避免婴幼儿被烫伤。

（2）急救处理

1）迅速让婴幼儿离开热源。

2）立即用大量流动冷水冲淋（或浸）烫伤部位。

3）轻度烫伤时可局部涂蓝油烃等烫伤药膏。

4）水疱不能挑破，以免感染。

5）如衣服和皮肤粘在一起，切勿撕拉，只能将未粘的部分剪去，粘着的部分留在皮肤上。

6）如烫伤范围大或程度深或伤到要害部位，应及时送医院处理。

7）如遇强碱、强酸灼伤，应立即脱去被浸渍的衣服，再用大量清水冲 20 min 以上，并及时送医院。如有吸水性强的材料（干毛巾、面纸等），可及时用吸水强的材料吸干皮肤上的溶液，再用大量清水冲。

3. 鼻出血

鼻出血的原因很多，鼻子受到撞击、挖鼻孔都会引起鼻出血。如果发现婴幼儿经常流鼻血，需要送医院检查。出现鼻出血时，先要安慰婴幼儿，使他的头向前倾，用冷的湿毛巾敷在额头和鼻子周围，帮助止血。不要采用仰卧或抬头的方式，因为这种方式表面上没有流血，实际是改变了流血的方向，由鼻腔向咽喉部流。可用大拇指和另一手指向骨头方向轻轻捏压鼻子，同时用冷毛巾湿敷，保持按压 5 min，然后让婴幼儿保持 30 min 的安静活动，若出血不止应立即送去医院处理。

第 4 章

教　育

第1节　安排婴幼儿的生活作息

一、日常生活作息安排

日常生活作息是指婴幼儿每日生活及具体时间的安排。编制婴幼儿日常生活作息是为了根据婴幼儿日常生活的基本需要，有计划地安排好生活活动、运动锻炼和各种游戏活动，在每天的生活中规定具体的时间，便于婴幼儿养成良好的习惯，也便于育婴师的工作。

一日作息程序以婴幼儿生理性需要的满足为前提，以培养婴幼儿的良好生活习惯为目标，以促进全面发展为根本任务。

1. 编制生活作息的依据

（1）形成良好的生活规律（见图4—1）。人体的每一个系统的工作都有其自身的规律。以饮食为例，到了吃饭的时间，婴幼儿的大脑皮层就会发出信号，这时，胃肠的消化液开始分泌，消化系统做好了接受食物消化的准备。保证婴幼儿每天在同一时间进食，就能使婴幼儿的胃肠功能得到较好的保护和合理的使用。

图4—1　形成良好的生活规律

婴幼儿一日作息的程序因年（月）龄而异。较小月龄的婴幼儿，神经系统的发育尚未完善，很容易疲劳，因此需要较多的“静止”时间，特别是睡眠。随着婴幼儿大脑皮层的功能不断完善，婴幼儿对睡眠的时间要求减少了，但活动的要求就提高了。

（2）满足婴幼儿多种活动的需要（见图4—2）。婴幼儿的日常生活有些是生理性的需要，如睡眠、进食等；有些是智力发展的需要，如说话等；还有些是社会性发展的需要，如与人交往等。婴幼儿必须在所有这些需要得到满足以后，才会得到发展。这些活动都需要一定的时间，但需要花费的精力要求各有不同。

（3）便于育婴师进行全日工作的安排（见图4—3）。育婴师的工作责任重大，事无巨细，一张日常作息的时间表可以保证育婴师工作的效率和质量。如果没有一张全面周到的日常生活作息的时间表，可能会造成忙乱无章的局面。

图4—2　满足婴幼儿多种活动的需要　　　图4—3　作息时间表

2. 编制生活作息的原则

（1）以婴幼儿生理性需要为基础。生活作息必须以婴幼儿的生理性需要为基础。每个婴幼儿的生理性需要不仅具有年龄的普遍性，还具有自身的规律和特点。如为了保证婴幼儿有充足的睡眠时间，一般在每天的上下午都可以安排一定时间用于睡眠。

（2）根据年（月）龄进行调整完善。一日作息的程序和内容并非一成不变，随着婴幼儿的成长必须进行调整和完善。如小月龄的婴幼儿喂哺次数较多，随着月龄增长，可以逐渐延长进食的间隔时间，而游戏时间会逐步增加，从而使婴幼儿的身心得到全面发展。

（3）作息安排动静结合。这是指不同类型的活动要交替进行。不能因为婴幼儿需要睡眠，就安排一整块睡眠时间；或者需要运动锻炼，就让他们一直在运动。在控制总量的前提下，要把每一项的活动内容安排在适宜的时间里。如睡眠：较小的婴幼儿在午餐前、下午、傍晚分别安排一段睡眠时间。又如运动和休息时间交替，安静和激烈活动交替，即使是动作游戏，也要注意粗大动作练习和精细动作练习的交替，这样才能不使婴幼儿感到疲劳。

（4）根据季节的变化和家庭实际情况的变化适时调整。除了常态的日常作息时间表，育婴师还要有灵活变通的经验。有时季节的转化会影响婴幼儿的活动时间和方式，因此需要进行调整。冬季可在中午左右进行室外活动，夏季则在早上或傍晚进行室外活动。此外，由于外出等原因，可以适当调整作息安排。包括由于婴幼儿家庭情况的不断变化，都可以进行适应性的调整。

3. 婴幼儿良好生活习惯的养成

（1）生活习惯培养的意义。生活习惯一般包括饮食、睡眠、大小便、盥洗清洁等多方面。从小培养婴幼儿具有良好的生活习惯非常重要。良好的生活习惯应从出生后就开始有意识的培养，需要从小经过成人耐心的、长期的、一致的培养与教育才能形成。一旦形成，终身受益；反之，则很难纠正。

（2）培养婴幼儿良好的生活习惯的方法

1）饮食。应从小就养成按时喂哺和进食的好习惯，如图4—4所示。针对婴幼儿的消化特点，做到定时、定量。从添加辅食开始，就应开始注意培养婴幼儿不挑食、不偏食，愉快吃完自己一份饭菜的好习惯。

图4—4　按时喂哺和进食

育婴师耐心、温和、始终如一地坚持让婴幼儿吃好每顿饭很重要。婴幼儿就餐时可播放些轻松愉快的轻音乐、提供合适婴幼儿进餐的餐具、进餐椅（有围栏的安全椅）。对婴幼儿进餐中的点滴进步给予表扬、鼓励，即使婴幼儿进食不配合，也做到不硬塞、不恐吓，努力创设良好的进餐环境。

婴幼儿从开始添加辅助食品起，就可开始鼓励婴幼儿逐渐学会使用小匙吃食，并随着月龄增大，鼓励让婴幼儿学着一手扶碗、一手拿小匙进食。

育婴师要指导婴幼儿如何吃。育婴师注意利用食物的色、香、味、形，以引发婴幼儿的食欲。可用亲切的语言来刺激婴幼儿食欲的兴趣，如告诉婴幼儿食物的名称，对身体的好处等。鼓励婴幼儿细嚼慢咽，咽下一口再吃一口，咽下最后一口再离开餐桌，以避免口含食物引起窒息。若进餐过程中不慎打翻，做到不责怪、不训斥。坚持做到不吃汤泡饭、不边吃边玩。

2）睡眠。充足的睡眠能使婴幼儿精神饱满、情绪愉快。而良好的睡眠习惯更能保证婴幼儿的睡眠质量，促进婴幼儿健康成长，如图4—5所示。

睡眠环境应较安静和较暗，但不能全黑暗。白天应拉上窗帘、晚上可点微弱小灯，以利于观察婴幼儿的睡眠状况。应保持空气流通，但避免吹对流风。室温保持舒适水平，被褥厚薄适中，以免过冷、过热而扰乱睡眠。

图 4—5 养成良好的睡眠习惯

育婴师要指导婴幼儿按时入睡，按时起床，以重视对婴幼儿生理周期的培养。

培养婴幼儿分床独睡的习惯，让婴幼儿从小独自睡自己的小床，既卫生又安全。养成婴幼儿独自入睡的习惯，小月龄时可轻轻地安抚拍打，逐渐过渡到成人陪伴，自动入睡。亦可让婴幼儿听轻柔的催眠曲。避免形成睡前抱、拍、晃或含着奶嘴睡的不良习惯。

为帮助婴幼儿按时入睡，睡前可洗温水浴，做婴幼儿按摩。入睡前 1～2 h 适宜做安静游戏，避免玩得兴奋难以入睡。入睡前应避免进食过饱或饥饿。不宜过多饮水，以免因睡眠不安而扰乱睡眠。

要关心、观察婴幼儿的睡眠状况，以避免不良的睡眠习惯，如蒙头睡、吸吮手指或被角、含着奶嘴睡等。

3）大小便。培养良好的大小便卫生习惯（见图 4—6），可以促进婴幼儿神经系统的发育，促进婴幼儿的身心健康发展。

图 4—6 培养良好的大小便卫生习惯

①培养良好的排便习惯。当婴幼儿能抬头时就可以训练其排便。婴幼儿对大便的控制早于对小便的控制。当成人发现婴幼儿屏气面红、定睛扭腿等现象时，可及时采用把便方式，并用“嘘嘘、嗯嗯”的声音帮助排便，使之形成条件反射，逐渐有意识地形成婴幼儿固定时间排便的习惯。可摸索婴幼儿排尿的时间间隔进行排尿训练，一般可在睡前睡后、喂食后半小时到一小时给婴幼儿把尿。培养 2 岁以后的幼儿能控制大小便，知道不憋尿、不憋

便。2岁左右的男孩会站立小便。2岁左右的幼儿会主动用语言来表示大小便的意愿。当婴幼儿排出便时应给予表扬和鼓励，以增强其自信心和愉悦感；如没有排便或将大小便排在身上，应给予理解，不要责怪或斥责，以免造成婴幼儿对排便的紧张感和负担。

②学会坐盆。当婴幼儿会坐时，可培养婴幼儿学习坐在特制的便盆上大小便。培养婴幼儿专心排便，避免婴幼儿在排便过程中吃东西或玩玩具，避免婴幼儿坐盆时间过长而引起脱肛现象。一般排便不超过10 min，坐盆时间5 min左右。

③教会婴幼儿正确使用手纸。婴幼儿大便后要帮助他们使用手纸，女孩要教会她们小便后会使用手纸，学着从前往后擦。冬天要注意对婴幼儿的腹部、腰部、膝盖等的保暖工作。

④养成便后洗手的好习惯。

4）盥洗清洁。培养婴幼儿从小爱清洁、讲卫生的良好盥洗习惯，不仅有益于身体健康、有效预防各种传染病，还可以提高婴幼儿的生活自理能力。

①养成婴幼儿良好的盥洗清洁意识。使婴幼儿知道饭前便后要洗手，养成每天洗脸、洗脚、洗屁股（或洗澡）的习惯，乐意定期剪指（趾）甲。男孩要养成勤理发的习惯。

②学（练）习正确的盥洗清洁方法。学会饭后漱口、早晚刷牙的习惯。婴幼儿从乳牙萌出后，口腔的护理就更为重要。每次进食后，可再喝几口白开水漱口；或早晚用婴儿牙刷按着乳牙的纹路轻轻刷牙。学会正确的洗手方法。1岁半以内的婴幼儿可由成人帮助洗手，1岁半至2岁可开始逐步学着自己洗手。

③要培养婴幼儿乐意做力所能及的事。如9个月起可指导婴幼儿学着穿衣裤，包括随着年龄的增长，逐步指导婴幼儿学会正确穿脱衣裤、折叠衣裤、穿脱鞋袜、扣纽扣、系鞋带等各种力所能及的自理能力培养。

在培养婴幼儿盥洗能力过程中，育婴师要有安全意识：注意水温，避免婴幼儿烫伤；注意地面防滑，避免婴幼儿滑倒；注意动作轻柔，避免强硬牵拉弄伤婴幼儿。

二、一日作息程序编制

1. 每日作息时间分配（见表4—1）

表4—1　婴幼儿每日作息时间分配表

年龄（月）	睡眠			饮食		游戏
	白天（次）	夜间（h）	合计（h）	次数	间隔（h）	（h）
2～3	4	10～11	15～18	6	3～4	1～2
4～6	2～3	9～10	15～16	5～6	4	2～3

续表

年龄（月）	睡眠			饮食		游戏（h）
	白天（次）	夜间（h）	合计（h）	次数	间隔（h）	
7～12	2～3	9～10	14～15	5	4	3～4
13～24	1～2	9～10	12～14	5	4	4～6
25～36	1	9～10	12～13	5	4	4～6

2. 生活作息示例表（见表4—2～表4—6）

表4—2　　7～9个月婴儿的生活作息示例表

时间	内容
6：00—6：30	进食
6：30—8：00	排便、清洁、换尿布
8：00—8：30	主被动操
8：30—10：00	睡眠、活动、游戏
10：00—10：30	进食
10：30—11：45	餐后清洁、睡前准备
12：00—14：00	睡眠
14：00—14：30	进食
14：30—16：00	室内外活动游戏、排便、换尿布
16：00—18：00	睡眠
18：00—18：30	进食
18：30—20：00	亲子游戏
20：00—21：00	排便、洗澡、换尿布
21：00—21：30	进食
22：00—次日6：00	睡眠

表4—3　　10～12个月婴儿的生活作息示例表

时间	内容
6：30—7：00	起床、排便、清洁、换尿布
7：00—7：30	早餐
7：30—9：00	室内外活动、主被动操
9：00—9：30	早点
9：30—11：00	睡眠
11：00—11：30	排便、换尿布、餐前准备

续表

时间	内容
11：30—12：00	午餐
12：00—12：30	室内外活动、游戏
13：00—15：00	睡眠
15：00—15：30	起床、排便、清洁
15：30—16：00	午点
16：00—18：00	室内外活动、游戏
18：00—18：30	清洁、晚餐
18：30—19：30	亲子游戏、休息
19：30—20：30	排便、洗澡、换尿布
20：30—21：00	晚点
21：30—次日6：30	清洁、睡眠

表4—4 **1~1.5**岁婴幼儿的生活作息示例表

时间	内容
6：30—7：30	起床、排便、换尿布、清洁
7：30—8：15	早餐
8：15—9：45	运动、游戏
9：45—10：00	饮水、排便、换尿布
10：00—10：30	点心、水果、简单家务劳动（如整理）
10：30—11：30	小睡
11：30—11：45	起床、排便、换尿布
11：45—12：15	午餐
12：15—12：30	洗手、整理
12：30—14：00	运动、游戏
14：00—14：15	排便、换尿布、洗手
14：15—15：15	午睡
15：15—15：30	起床、排便、换尿布
15：30—16：00	点心、饮水
16：00—18：00	游戏（以安静游戏为主）
18：00—18：45	晚餐
18：45—19：45	亲子游戏、简单家务劳动（如整理）
19：45—20：30	晚点、排便、洗脸、洗澡、换尿布
20：30—次日6：30	睡眠

表 4—5　　1.5～2 岁婴幼儿的生活作息示例表

时间	内容
6：30—7：00	起床，清洁
7：00—7：30	早餐
7：30—8：00	排便
8：00—8：30	早锻炼
8：30—9：00	培养与训练
9：00—9：30	早点
9：30—10：30	室内外活动
10：30—10：45	安静活动、餐前准备
10：45—11：15	午餐
11：15—11：50	安静活动
11：50—14：30	午睡
14：30—14：45	排便、清洁
14：45—15：15	午点
15：15—16：00	室内外活动
16：00—16：30	培养与训练
16：30—17：30	自由玩耍
17：30—18：00	晚餐
18：00—19：30	亲子游戏
19：30—20：00	晚点
20：00—20：30	排便、洗澡、睡前准备
20：30—次日 6：30	睡眠

表 4—6　　2～3 岁婴幼儿的生活作息示例表

时间	内容
6：30—7：00	起床，盥洗
7：00—7：30	早餐
7：30—8：00	排便
8：00—8：30	早锻炼
8：30—9：00	培养与训练
9：00—9：30	安静活动、早点
9：30—10：45	室内外活动
10：45—11：15	安静活动、清洁
11：15—11：45	午餐
11：45—12：00	安静活动

续表

时间	内容
12：00—14：30	午睡
14：30—15：00	清洁、午点
15：00—16：15	室内外活动
16：15—16：45	培养与训练
16：45—17：30	自由玩耍
17：30—18：00	晚餐
18：00—19：30	亲子游戏
19：30—20：30	排便、洗澡、晚点
20：30—次日 6：30	睡眠

第 2 节　动作与运动

一、婴幼儿粗大动作练习

1. 婴幼儿粗大动作的范围

0～3 岁婴幼儿粗大动作基本包括抬头、翻身、爬、坐、走、跑、跳、攀登、平衡、投掷等，见表 4—7。

表 4—7　婴幼儿粗大动作发育规律

运动项目	月龄	粗大动作发育	图示
抬头	新生儿	俯卧位能抬头 1～2 s	
	3 月	抬头较稳	
	4 月	抬头很稳，并能自由转动	
翻身	5 月	从仰卧翻到俯卧	
	6 月	从俯卧翻到仰卧	

续表

运动项目	月龄	粗大动作发育	图示
坐	5月	靠背坐时腰能伸直	
	6月	两手向前撑住后能坐	
	7月	独坐时身体略向前倾	
	8月	独坐稳，并能左右转身	
爬	7~9月	手支撑胸腹，使身体离开床面并能原地转动	
	8~9月	用上肢向前爬	
	10~12月	爬时手膝并用	
立	8月	搀扶时能站立片刻	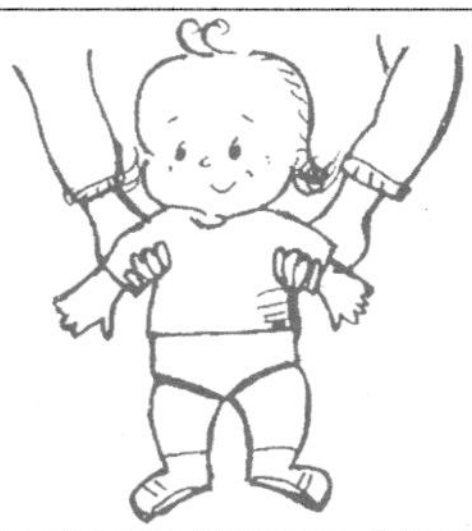
	11月	独立站立片刻	
走	10月	扶着两手向前走	
	15月	独走很稳	
	18月	跑、倒退走、爬楼梯	
跳	24月	并足跳，单足独立1~2 s	
	30月	单足跳1~2次	

2. 婴幼儿粗大动作练习的意义

（1）增强婴幼儿的体质和机能。能促进婴幼儿机体的新陈代谢，改善呼吸系统、循环系统以及神经系统等生理功能，增强人体健康，如图4—7所示。

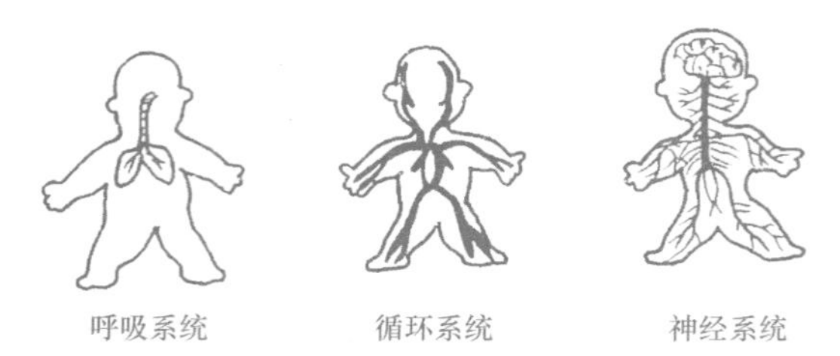

图4—7　粗大动作练习能增强婴幼儿的体质和机能

（2）促进婴幼儿的生长发育。坚持粗大动作练习，有助于婴幼儿骨骼的生长，对其生长发育尤为重要，如图4—8所示。每天对婴幼儿开展多种形式的粗大动作锻炼，充分利用阳光和空气的自然因素对身体的“滋润”，能有效促进婴幼儿的骨骼粗壮，身体长高，促进生长发育。

图4—8　粗大动作练习能促进婴幼儿的生长发育

（3）发展婴幼儿的认识潜能、社会行为和良好性格。从小坚持粗大动作练习，不仅促进婴幼儿的生长发育，同时还能培养婴幼儿情绪愉快、开朗乐观、乐于探索，如图 4—9 所示。鼓励婴幼儿坚持参加动作练习，他们就会乐意与周围同伴共同活动，在玩的过程中，他们会相互模仿，并不断尝试各种活动方式。

图 4—9　粗大动作练习能发展婴幼儿的认识潜能、社会行为和良好性格

3. 培养目标

（1）学会抬头、翻身。

（2）学会四肢协调爬行。

（3）学会直立和行走。

（4）学会跑。

（5）学会跳跃。

（6）学会攀登。

（7）学会玩球类游戏。

4. 婴幼儿粗大动作练习的原则

（1）循序渐进原则。任何一个婴幼儿在动作发展过程中都遵循着先学会抬头，再学会坐，然后学站，最后学走的发展顺序，如图 4—10 所示。婴幼儿粗大动作练习要按粗大动作发展的时间顺序和粗大动作技能发展程度有序进行，无法随意选择，更不会跳跃式进行。

（2）适宜性原则。婴幼儿处于发育阶段，精力有限，练习时间过长容易疲劳，收效不好。一般情况下新生儿一次练习 5 ~ 10 min，以后逐渐增加时间，最多不超过 30 min。

（3）趣味性原则。婴幼儿粗大动作技能练习时，要努力创造一种快乐的气氛，使婴幼儿感受到运动的乐趣，如图 4—11 所示。

（4）安全性原则。婴幼儿练习过程中，育婴师要始终全身心地参与、观察、照顾婴幼儿，确保环境的安全、运动设施的安全、游戏方法的安全，切实保障婴幼儿在动作练习过

图4—10　循序渐进原则

图4—11　趣味性原则

程中的安全，如图4—12所示。

5. 婴幼儿粗大动作练习的内容和方法

（1）抬头游戏（见图4—13）

【适宜年龄】0～6个月。

【游戏次数】3～4次。

【游戏方法】

1）俯卧转头。在两次哺乳间隔清醒时，将婴儿趴着放在床上成俯卧位，此时婴儿会

图 4—12　安全性原则

图 4—13　抬头游戏

自己将头部侧转，让出鼻孔以便呼吸。如果婴儿还不会自己侧转，育婴师可以帮助他侧转。几天以后婴儿就会自己将头部侧转。此时可以用摇铃棒在婴儿头顶上方摇动，诱导婴儿抬起眼睛观看，逐渐将头部抬起。

2）俯卧抬头。在婴儿睡醒后，换好尿布，喂奶前让婴儿俯卧在较硬的床上，将其双手放在头的两侧，并扶着婴儿的头部使其转向中线，呼唤宝宝的名字或用色彩鲜艳、有响声的玩具逗引婴儿，促使其抬头，每天数次。

（2）翻身游戏

【适宜年龄】1～6 个月。

【游戏次数】3～4 次。

【游戏方法】

1）卷春卷（见图 4—14）。选择在地板上铺上软垫，准备好一条床单、被单或毛巾被。让婴儿躺在床单或毛巾被上，只露出头在外面。育婴师像包春卷一样把婴儿卷起来。育婴师拉住被子的一边，让婴儿滚出被单。游戏中育婴师要仔细观察婴儿是否喜欢这个游戏，再进一步观察婴儿是否能顺势自己翻滚。

2）侧翻训练（见图4—15）。先用一个发声玩具吸引婴儿转头注视，然后，育婴师一手握住婴儿的一只手，另一只手将婴儿同侧腿搭在另一条腿上，辅助婴儿向对侧侧翻注视，左右轮流侧翻练习，以帮助婴儿感觉体位的变化，学习侧翻动作。每日2次，每次侧翻2～3次。通常婴儿在5～6个月时就能自如地翻身了。

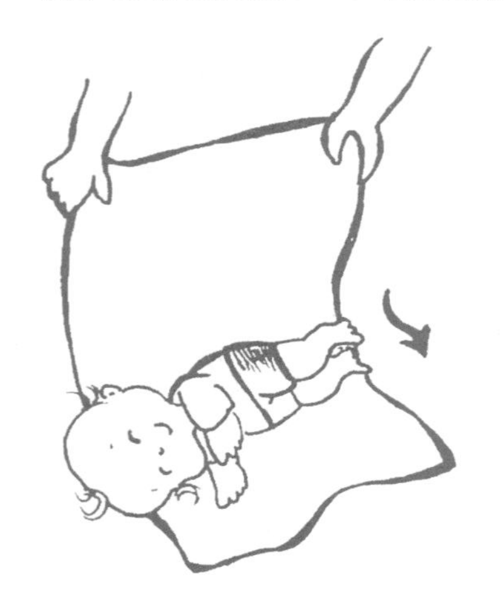

图4—14　翻身游戏——卷春卷

图4—15　翻身游戏——侧翻训练

（3）爬行游戏

1）上肢练习

【适宜年龄】2～6个月。

【游戏次数】3～4次。

【游戏方法】

①单臂支撑练习。婴儿学会抬头动作后，可在其俯卧时用玩具在一侧手臂上方逗引他抓玩具，借此瞬间练习单臂支撑体重的动作，两臂可轮流练习。

②双手交叉练习。婴儿俯卧在床上，育婴师两手掌向下，与婴儿手掌合在一起，在前面挂一个醒目的玩具，然后交叉移动手掌，带动婴儿两臂前后运动。

2）下肢练习

【适宜年龄】6～12个月。

【游戏次数】3～4次。

【游戏方法】

①跪练习。将婴儿跪抱在育婴师的大腿上，或当育婴师仰卧时，让婴儿跪在其身体的一侧，用手扶着育婴师的身体。这时，育婴师可以和婴儿一起看画报、玩玩具，以此锻炼婴儿膝部的支撑力量。

②两腿交叉练习。在婴儿腹下垫个枕头，呈俯卧位，育婴师用双手抓住婴儿的踝部，做前后弯曲的动作，可交叉进行练习。

③四肢协调爬行练习（见图 4—16）。让婴儿手膝（或手足）着地，腹部离开床面，四肢协调爬行。如果腹部不能离开床面或不能向前移动，可用手托住或用长围巾兜住婴儿腹部，用玩具引导其进行爬行练习。

图 4—16　四肢协调爬行练习

④爬行游戏。当婴儿会用手膝爬行后，就可以做爬行游戏了。可以做爬直线、爬上下斜坡、爬台阶的练习。如跨越障碍：在婴儿面前放一枕头或靠垫等障碍物，可以设计一些简单的情节，在前面放一些色彩鲜艳、能够发出声音的玩具，或是编一个故事，以此来增加婴儿练习爬行的兴趣，并鼓励婴儿爬过障碍。

（4）直立和行走游戏

1）学会站立

【适宜年龄】9 ~ 12 个月。

【游戏时间】1 ~ 2 min。

【游戏方法】

①攀物站起（见图 4—17）。将婴儿抱到椅子、桌子、沙发旁边，诱导婴儿扶着东西

站起来。

②坐膝站起。育婴师盘腿坐在地上，让婴儿坐在腿上，帮助其站起来再坐下，反复练习。

③坐椅站起。让婴儿坐在高度适当的椅子上，练习站起来再坐下。

图4—17　攀物站起

2）练习走路

【适宜年龄】10个月~2岁。

【游戏时间】1~2 min。

【游戏方法】

①移步行走。让婴幼儿站在育婴师的脚面上，两手扶着婴幼儿的腋下，迈着合适的小步子带动婴幼儿两只脚向前走。

②扶东西走。让婴幼儿扶着墙壁或家具练习走路。

③推小车走。让婴幼儿推着小车练习走路。

④跨越障碍。在地面上摆一些书、枕头之类的障碍物，让婴幼儿跨越过去，练习婴幼儿单脚站立、跨步行走的能力。

⑤用脚尖走路。育婴师可以编一些故事，让婴幼儿模仿长颈鹿用脚尖走路，以增加练习的趣味性。

（5）跑运动（见图4—18）

1岁半左右的婴幼儿，当行走自如时就开始练习跑。练习时间可以分成几个小步骤进行。

图4—18　跑运动

【适宜年龄】1.5~3岁。

【游戏时间】5~10 min。

【游戏次数】2~3次。

【游戏方法】

1）抱着跑。育婴师抱着婴幼儿变换不同的速度、不同的方向跑，刺激婴幼儿耳内的半规管的适应能力。

2）辅助婴幼儿做跑跳运动。育婴师在婴幼儿背后，用两只手扶着婴幼儿的腋下，让婴幼儿自己跑跳。

3）逗着跑。用一个皮球或叮当作响的滚动玩具用力向前滚动作为目标，育婴师与婴幼儿一起跑动去捡玩具。

4）放手跑。育婴师在距离婴幼儿2 m远的地方蹲下来，鼓励婴幼儿快速跑过来，到达以后将婴幼儿抱起来。

5）自动停稳跑。在婴幼儿跑时喊口令“一、二、三、停”，使其渐渐学会将身体伸直、步子放慢，平稳地停下来。

（6）跳跃运动

【适宜年龄】2~3 岁。

【游戏时间】1~2 min。

【游戏方法】

1）背着跳。由育婴师背着婴幼儿，慢跳、高跳、快跳。让婴幼儿逐渐适应跳的感觉。

2）原地跳。让婴幼儿学会两脚同时用力起跳。具体训练方法可采取育婴师提着婴幼儿双手跳，放开一只手跳，跳时应配合口令：“一、二、跳!”便于婴幼儿做好起跳准备。

3）从高处往下跳（见图 4—19）。让婴幼儿站在 15 cm 高度的台阶上由育婴师扶着往下跳，从近距离开始练习时应注意地面和周围环境有无硬物、尖锐障碍物。

图 4—19 跳跃运动——从高处往下跳

4）立定跳远。跳时两腿先弯曲，身体略前倾，两臂向后伸直，呈“飞机”状，做好起跳准备。2 岁半左右的幼儿可以双脚并拢在原地向前跳 15 cm 左右。

（7）攀登运动。攀登是婴幼儿喜爱的运动，可以训练手脚和协调自己身体的能力以及前庭平衡系统，培养婴幼儿的勇气和胆量。

【适宜年龄】1~3 岁。

【游戏准备】椅子、桌子、沙发、床。

1）给婴幼儿提供练习攀爬的机会，同时做好安全保护。

2）结合其他活动进行。如 1 岁时可以训练爬椅子并转过身来坐下；2 岁时可以训练爬上椅子、低矮的桌子或床拿取玩具（见图4—20）；3岁时能够在攀登架上做钻、爬、攀登等动作。

（8）球类游戏（见图4—21）

图4—20　攀爬练习　　图4—21　球类游戏

球是婴幼儿最感兴趣的玩具之一，不同年龄可以用不同的方法（滚球、抛球、踢球、够球）玩球，基本动作包括滚、接、扔、踢、拍、投等，通过这些基本动作的练习，可以锻炼手臂和身体的协调平衡功能。

【适宜年龄】1～3岁。

【游戏时间】1～3 min。

【游戏准备】气球、皮球、布球、塑料球、羊角球等大小规格、软硬质地的球。

【游戏方法】

1）触碰球。2～3个月的婴儿，育婴师可以给他抱抱球，也可以用球碰碰他的脸、身体、四肢。

2）滚球。育婴师与婴幼儿面对面坐下，把脚分开，轮流将球推滚给对方，在抓接球的过程中，训练婴幼儿的手眼协调能力。

3）顶球。婴幼儿能爬行后，可让婴幼儿用头顶球或爬着取远处的球。

4）抛球。让婴幼儿抓着球用力往外扔。可以在墙上、地上画一些明显的标志来增加兴趣，这是训练婴幼儿放松肌肉和关节的有效方法。

5）踢球。把球放在地上，让婴幼儿踢着球走。3～4个月的婴儿，育婴师可以让他用脚踢悬挂的气球，或用手打击气球，开始时帮助做，慢慢地婴儿就会自己踢、击打气球。

6）跳高摸球。把一个颜色鲜艳的球悬挂在上方，高度为婴幼儿手指尖差一点能触摸到为好，鼓励婴幼儿努力跳起来够到球。

二、精细动作练习

1. 婴幼儿精细动作的范围

精细动作指的是手、眼睛、脸及嘴部肌肉的运动能力。

2. 婴幼儿精细动作练习的意义

俗语说，心灵才能手巧。手不仅是动作器官，更是智慧的来源。婴幼儿只有多动手，大脑才能发育得快。精细动作中，眼部肌肉的发展有助于婴幼儿将眼神集中到一行字符线上，面部肌肉的发育有助于婴幼儿面部表情的丰富，手部肌肉的发展有助于婴幼儿灵活地用手进行各种活动。

在出生后的第一年里，婴幼儿学会了集中视线，使用嘴唇来控制发音以索取他想要的东西，甚至可能知道如何用拇指和食指捡起食物碎末。

在第二年里，婴幼儿能渐渐熟练地使用双手的手指捡起细小的东西，手和眼睛的协调能力也大大提高。

到第二年年末，婴幼儿能够使用一些“自助”技能，诸如将一整勺食物送入嘴里等。精细动作的发展预示着婴幼儿的不断进步。

3. 培养目标

不错过每一个精细动作发展的关键期，通过进行必需的练习，可以保障婴幼儿精细动作及相关行为的顺利发展。

4. 婴幼儿精细动作练习的原则

（1）刺激性原则。在婴幼儿发展的不同阶段，提供不同的刺激物让婴幼儿适时地触摸、摆弄、抓握，通过科学的精细动作训练，让他们充分地去抓、握、拍、打、敲、扣、击打、挖、画等，以发展良好的感知觉和动作行为。

（2）操作性原则。育婴师必须经常和婴幼儿一起玩各种操作性游戏。精细动作训练从婴幼儿出生后就可以开始进行，而且离不开育婴师为婴幼儿提供恰当的玩具和一起进行的活动游戏。

（3）递进性原则。精细动作的发展有一个由简单到复杂的过程。因此，为婴幼儿提供的玩具、学具和手指游戏都要遵循由简单到复杂的特点。

5. 婴幼儿精细动作练习的内容和方法

（1）手指协调的游戏——撕纸或搓纸团（见图 4—22）

用于发展婴幼儿的手指力量和手掌的握力。

【适宜年龄】1 岁左右。

图 4—22　撕纸或搓纸团

【游戏准备】稍大、易撕破的纸或废报纸、3～4 个糖果盒子。

【游戏方法】把各种纸给婴幼儿，让他随意撕破。让婴幼儿将随意撕破的纸搓成纸绳，或者用双手揉成一个较大的纸球。把纸条、纸绳和纸球分别放入不同的盒子。注意避免婴幼儿把含油墨的废报纸放进嘴里，游戏结束后应及时洗净双手。

（2）手眼协调游戏

1）倒食物（见图 4—23）。掌握这一技能需要花费一定时间，需要婴幼儿不断练习倒的动作。

图 4—23　手眼协调游戏——倒食物

【适宜年龄】18 个月。

【游戏准备】2 个杯子或 2 个盒子、小饼干或葡萄干等。

【游戏方法】育婴师和婴幼儿一起坐在地板上，前面放一些装着葡萄干或小饼干的纸杯或塑料杯。育婴师示范着把食物从一个杯子倒进另一个杯子，然后让婴幼儿自己尝试。

夏季可以用同样方式在盛水的面盆中用勺子舀水，倒入空杯子，使其盛满水。

2）开盒子（见图 4—24）

图 4—24　手眼协调游戏——开盒子

【游戏准备】育婴师收集各种大小、材质的盒子。

【适宜年龄】1 岁左右。

【游戏方法】选择一个干净的纸盒子，在纸盒里放入少量食品，如糖果、饼干等，然后盖上盖子。育婴师要求婴幼儿打开盒子，取出其中的糖果、饼干。对较小的婴幼儿，育婴师可以把盒子的口封起来，让婴幼儿用手把纸盒捅破，把食品拿出来。

3）摞积木。积木的堆、摞特别有利于婴幼儿的手眼协调、精细动作的发展。

【游戏准备】根据婴幼儿的年龄和技能水平，选择各种大小的积木（也可以用光滑的木块代替）。

【适宜年龄】1 ~ 2 岁。

【游戏方法】和婴幼儿一起坐在桌子旁边，或者坐在地上，先把一块积木放好，然后教婴幼儿拿另一块积木摞在上面。如有可能，一直摞上去。

4）拆拆装装。各种拆装的活动有利于锻炼婴幼儿手部肌肉的灵活性。

【游戏准备】育婴师有意收集有笔套的笔、有盖子的瓶等物。

【适宜年龄】2 岁左右。

【游戏方法】育婴师把收集到的物品给 2 岁左右的婴幼儿，有笔套的笔、有盖子的瓶子等都可以满足他们拆东西的愿望。例如给他一支笔，他会把笔套拔下，笔杆拧下。对他们的这种行为要给予鼓励，也要理解这时的儿童已有探究的愿望。

（3）手、眼、听觉协调的游戏

1）敲敲摇摇。综合进行精细动作、听觉和语言练习。

【游戏准备】罐子、木勺、鞋带或皮带、小铃铛、各种塑料容器、各种干果。

【适宜年龄】6~12个月。

【游戏方法】和婴幼儿一起找一些简单的器具，如一个罐子、一个木勺等。把罐子当作一个鼓，木勺可以作为一个鼓槌，育婴师和婴幼儿一边附和着自编的节奏唱歌，一边轻轻地打着拍子。

用鞋带或皮带把一些小铃铛拴在一起，或系在一根木棍上，让婴幼儿拿着摇。

在大小适当的塑料容器（如盛胶卷的小盒）中放些米粒、玉米粒或赤豆，即可制成一个可摇的玩具。但一定要封牢开口。

2）虫虫飞。通过婴幼儿双手指尖的接触及与语言的配合，进一步发展其精细动作能力。

【适宜年龄】6个月以上。

【游戏方法】婴幼儿可仰卧，也可靠坐在育婴师的怀中。育婴师手持婴幼儿的两只小手，边将两只小手食指指尖对点，边说“虫虫，虫虫，飞——喽!”育婴师表情活泼、语调夸张，使婴幼儿在充分获得神经末梢感觉刺激的同时，感受和理解语调。婴幼儿一般会随着语言动作而被逗笑。

3）手指谣。发展婴幼儿手指的灵活性，并尝试使用一句话进行简单的叙述，培养婴幼儿倾听的好习惯。

【适宜年龄】1岁以上。

【游戏准备】小碗里装5颗白扁豆。

【游戏方法】育婴师和婴幼儿一起坐下，先抓玩碗里的豆子，当育婴师逐句念儿歌时，一起随着儿歌做动作。

拨豆豆：和豆豆玩开汽车的游戏。拿出一颗豆子，用一个手指按在上面推动豆子做各个方向的移动，手指开汽车。

夹豆豆：鼓励宝宝尝试用两个手指夹一个豆豆，看看宝宝是用什么方式夹的？

捏豆豆：鼓励宝宝尝试用三个手指捏起一个豆豆，看看捏得牢不牢？

炒豆豆：鼓励宝宝尝试用四个手指像一把小铲子，把碗里的豆豆炒啊炒。

抓豆豆：小碗里放5颗豆豆，看看宝宝一把抓，能抓多少豆豆？观察宝宝抓豆豆，并和宝宝一起点数。

【附】

一个手指拨豆豆，两个手指夹豆豆，三个手指捏豆豆，四个手指炒豆豆，五个手指一把抓。

三、婴幼儿的操节练习

1. 婴幼儿操节练习的意义

从小对婴幼儿坚持开展科学合理的操节练习，可以增强婴幼儿的体质，提高对疾病的抵抗力，促进婴幼儿的生长发育。

2. 培养目标

使婴幼儿能够乐意地接受抚触和被动操，逐步学会配合做主被动操。

3. 婴幼儿操节练习的原则

（1）互动性原则。操节练习既是婴幼儿健身锻炼的过程，同时也是育婴师与婴幼儿进行情感交流的良好时机。伴随着音乐或儿歌的节奏做操，育婴师两眼注视婴幼儿，动作轻柔有节奏，边做边和婴幼儿说话，始终以关注、愉快的心情与婴幼儿进行肢体与语言的交流，促使婴幼儿情绪愉快。

（2）灵活性原则。要以婴幼儿的年龄大小、体格强弱、个性喜好及能力所及为前提，安排操节练习锻炼时间、锻炼强度、锻炼方法，要循序渐进。婴幼儿不配合、不愿做时不要勉强。要努力做到灵活调整，以促进婴幼儿体质发展。

（3）安全性原则。认真做好锻炼前的环境、设施准备，锻炼中对婴幼儿的各种护理，以及锻炼后对婴幼儿的全面观察，确保操节练习的有效性和安全性。

婴幼儿饥饿或刚进食 30 min 内不宜开展操节练习。锻炼时适量减少衣物，并尽量衣着宽松。

锻炼后婴幼儿会出汗，要及时将汗擦干，以免着凉感冒，并及时补充水分。

育婴师要剪短指甲、洗净双手、手上不带首饰。

4. 婴幼儿操节练习的主要形式

婴幼儿的操节练习除了结合日常生活、户外活动、利用自然条件等进行体格锻炼外，还有婴儿的抚触和各年龄段的婴幼儿保健操。婴幼儿保健操一般分为被动操、主被动操等。

5. 婴幼儿操节练习的内容和方法

（1）抚触（见表 4—8）

【适宜年龄】0 ~ 3 个月。

【练习时间】5 ~ 10 min。

【游戏次数】每天 1 ~ 2 次。

表4—8 婴幼儿的抚触

节次	节名	预备姿势	动作	注意事项	示意图
第一节	头部抚触	婴儿仰卧，育婴师两手轻捧婴儿脸颊	育婴师两手固定婴儿头部，两手大拇指从婴儿前额中央向两边眉际太阳穴处滑动。再用两手拇指从婴儿下颌中央向外侧向上耳根际处滑动	育婴师动作轻柔，两眼注视婴儿，边做边说话，逗引婴儿，使婴儿愉快	
第二节	胸部抚触	婴儿仰卧，育婴师面对婴儿	育婴师两手分别从婴儿胸部的外下侧向对侧的外上侧滑动（即外肋骨侧处向对侧肩锁骨处滑动）	同上	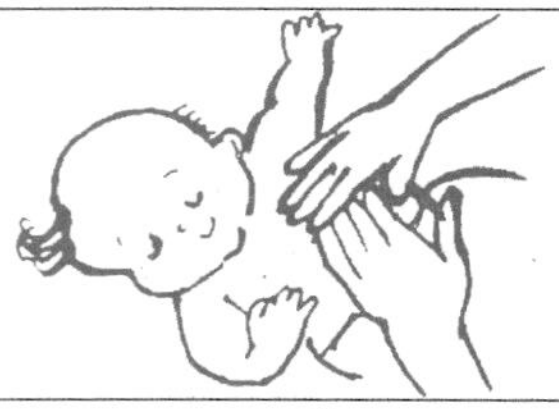
第三节	腹部抚触	婴儿仰卧，育婴师面对婴儿	育婴师用手分别从婴儿右下腹经中上腹滑向左上腹，再滑向左下腹	同上	
第四节	四肢抚触	婴儿仰卧，育婴师面对婴儿	育婴师双手捏住婴儿上肢近端，从手臂到手腕部轻轻挤捏，再逐个轻轻提捏手指，并在掌心画顺时针的圈 育婴师双手捏住婴儿下肢，从近端到远端轻轻挤捏，再逐个轻轻提捏脚趾	同上	 
第五节	背部抚触	婴儿俯卧，育婴师相向而坐或侧旁而坐	育婴师两手分别于婴儿脊柱两侧由中央向两侧滑动	同上	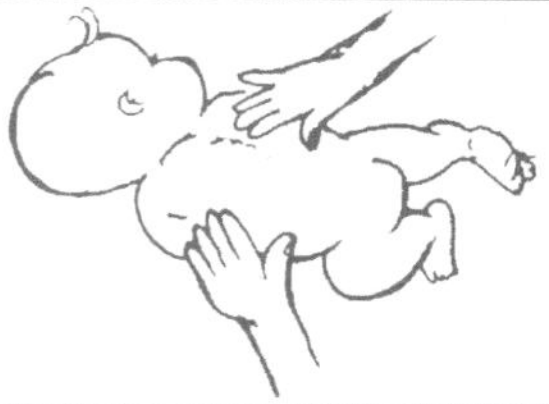

（2）婴儿操

1）被动操（见表4—9）

【适宜年龄】2～6个月。

【练习时间】3～5 min。

【游戏次数】每天1～2次。

表4—9　　婴儿被动操

节次	节名	预备姿势	动作	注意事项	示意图
第一节	扩胸运动	育婴师两手握住婴儿两手的腕部，让婴儿握住育婴师的拇指，两臂放于身体两侧	第一拍：将两手向外平展成90°，掌心向上 第二拍：两臂平展向胸前交叉 重复共两个八拍	两臂平展时可帮助婴儿稍用力，两臂胸前交叉时动作应轻柔些	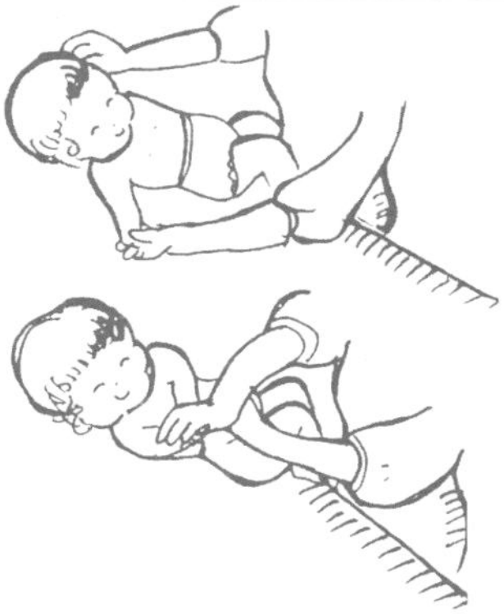
第二节	上肢伸屈运动	同第一节	第一拍：将左臂肘关节弯曲 第二拍：将左肘关节伸直还原 第三、四拍：换右手屈伸肘关节 重复共两个八拍	屈肘关节时手触婴儿肩，伸直时不要用力	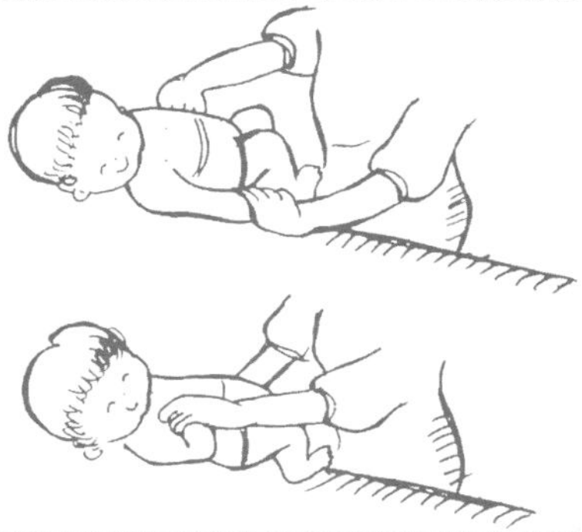
第三节	肩关节运动	同第一节	第一、第二、第三拍：将左臂弯曲贴近身体，以肩关节为中心由内向外做回环动作 第四拍：还原 第五、第六、第七、第八拍：换右手，动作相同 重复共两个八拍	动作必须轻柔，切不可用力拉婴儿两臂勉强做动作，以免损伤关节及韧带	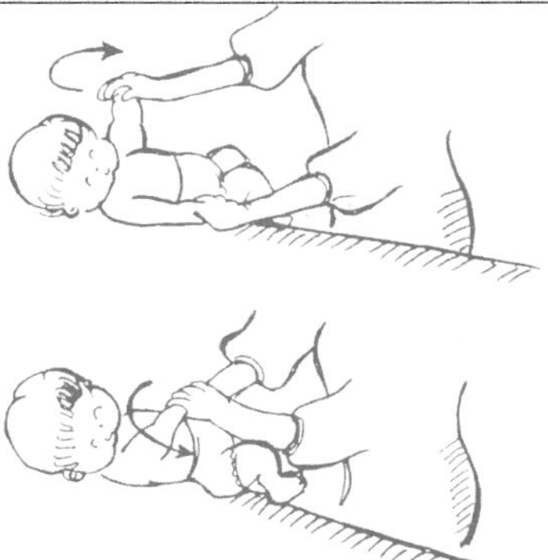

续表

节次	节名	预备姿势	动作	注意事项	示意图
第四节	上肢伸展运动	同第一节	第一拍：两臂向外平展，掌心向上 第二拍：两臂向胸前交叉 第三拍：两臂上举过头，掌心向上 第四拍：动作还原 重复共两个八拍	两臂上举时两臂与肩同宽，动作轻柔	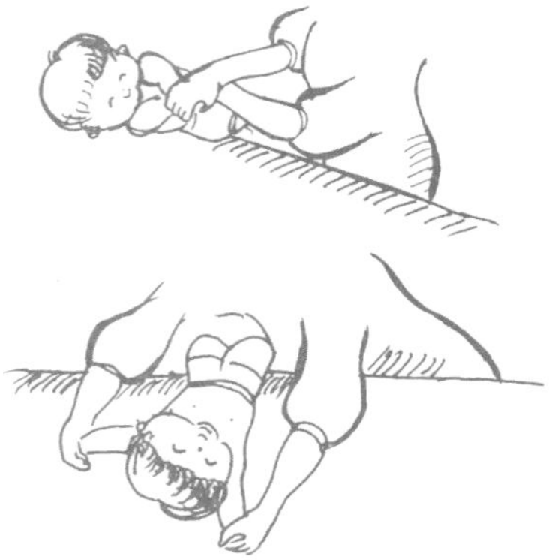
第五节	下肢伸屈踝关节运动	婴儿仰卧，育婴师左手握住婴儿的左踝部，右手握住左足前掌	第一拍：将婴儿足尖向上，屈曲踝关节 第二拍：足尖向下伸展踝关节 连续做两个八拍，后八拍换右足，做伸展右踝关节动作	伸展时动作要自然，切勿用力过猛	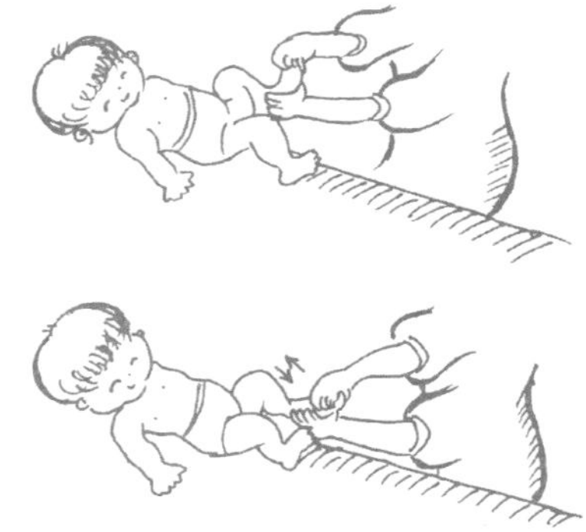
第六节	下肢两腿轮流伸屈	婴儿仰卧，育婴师两手分别握住婴儿两膝关节下部	第一拍：屈婴儿左膝关节，使膝缩进腹部 第二拍：伸直左腿 第三、第四拍：屈伸右膝关节 左右轮流，模仿蹬车动作 重复共两个八拍	屈膝时稍帮助婴儿用力，伸直时动作放松	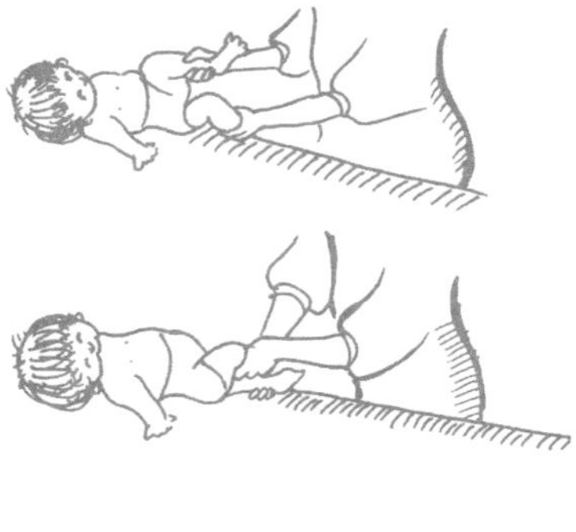

续表

节次	节名	预备姿势	动作	注意事项	示意图
第七节	下肢伸直上举运动	婴儿两下肢伸直平放，育婴师两手掌心向下，握住婴儿两膝关节	第一、第二拍：将两下肢伸直上举90° 第三、第四拍：还原 重复共两个八拍	两下肢伸直上举时臀部不离开桌（床）面，动作轻缓	
第八节	转体运动	婴儿仰卧并腿，两臂屈曲放在胸前，育婴师左手扶胸腹部，右手垫于婴儿背部	第一、第二拍：轻轻地将婴儿仰卧转为左侧卧 第三、第四拍：还原 第五、第六、第七、第八拍：育婴师换手将婴儿从仰卧转为右侧卧后还原 4个月以后的婴儿，可由侧卧位转到俯卧位，再由俯卧位转到仰卧位	俯卧时婴儿的两臂自然地放在胸前，使头抬高	

2）主被动操（见表4—10）

【适宜年龄】7～12个月。

【练习时间】5～8 min。

【游戏次数】1～2次。

表 4—10　　婴幼儿主被动操

节次	节名	预备姿势	动作	注意事项	示意图
第一节	起坐运动	婴幼儿仰卧，育婴师双手握住婴幼儿手腕，拇指放在婴幼儿掌心，让其握拳	第一、第二拍：牵引婴幼儿从卧位起坐 第三、第四拍：还原 重复共两个八拍	牵引婴幼儿时，育婴师不要过于用力，让婴幼儿自己借力坐起来	
第二节	起立运动	婴幼儿俯卧，育婴师双手托住婴幼儿双臂或肘部	第一、第二拍：握着婴幼儿肘部，让其先跪再站立 第三、第四拍：再由跪到俯卧 重复共两个八拍	—	
第三节	提腿运动	婴幼儿俯卧，两手放在胸前，育婴师双手握住婴幼儿两条小腿	第一、第二拍：轻轻抬起婴幼儿双腿，约30° 第三、第四拍：还原 重复共两个八拍	动作轻柔缓慢 随着月龄增大，可让婴幼儿两手支撑并抬起头部	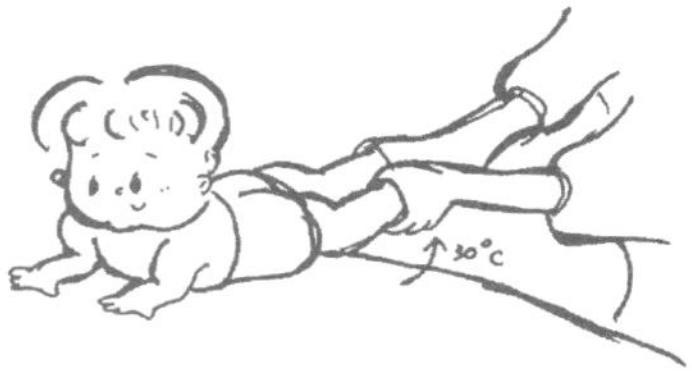
第四节	弯腰运动	婴幼儿与育婴师同一方向直立，育婴师左手扶住婴幼儿两膝，右手扶住婴幼儿腹部，在婴幼儿前方放一玩具	第一、第二拍：让婴幼儿弯腰前倾，捡起前方玩具，育婴师再放回 第三、第四拍：重复还原 重复共两个八拍	让婴幼儿自己用力前倾或直立，如不能直立，育婴师可将左手移至婴幼儿胸前，帮助其完成动作	
第五节	挺胸运动	婴幼儿俯卧，两手向前伸出，育婴师双手托住婴幼儿肩臂	第一、第二拍：轻轻使婴幼儿上体抬起并挺胸，腹部不离开桌面 第三、第四拍：还原 重复共两个八拍	动作要缓和，在挺胸、挺腰时要稍用力	

续表

节次	节名	预备姿势	动作	注意事项	示意图
第六节	游泳运动	让婴幼儿俯卧，育婴师双手托住婴幼儿胸腹部	第一至第四拍：托起婴幼儿悬空俯卧，前后摆动 重复数次，让婴幼儿出现四肢活动似游泳的愉快动作	托住婴幼儿，注意安全，先开始摆动 1 ~ 2 次，婴幼儿适应后可增加次数	
第七节	跳跃运动	婴幼儿与育婴师面对面站立，育婴师双手扶住婴幼儿腋下	第一、第二拍：扶起婴幼儿使其足部离开床或桌面，同时说“跳、跳”，做跳跃动作，以足前掌接触床或桌面为宜 重复共两个八拍	动作要轻快自然，让婴幼儿的脚尖着地	
第八节	扶走运动	婴幼儿站立，育婴师站在婴幼儿背后或前面，两手扶婴幼儿腋下、前臂或手腕	第一、第二拍：扶住婴幼儿使其左右腿轮流跨出，学开步行走 重复共两个八拍	场地要清洁平整，让婴幼儿站稳后再鼓励他开步学走	

四、婴幼儿感觉统合练习

1. 感觉统合的相关基础知识

（1）感觉统合。感觉统合是指大脑和身体相互协调的学习过程。机体在环境内有效利用自己的感官，以不同的感觉通路（指视觉、听觉、味觉、嗅觉、触觉、前庭觉和本体觉等）从环境中获得信息输入大脑，大脑再对信息进行加工处理，包括：解释、比较、增强、抑制、联系、统一等，并作出适应性反应的能力，简称“感统”。

（2）感觉统合失调。感觉统合失调是指外部的感觉刺激信号无法在儿童的大脑神经系统进行有效的组合，而使机体不能和谐的运作，久而久之形成各种障碍，最终影响身心健康。“儿童感觉统合失调”意味着儿童的大脑对身体各器官失去了控制和组合的能力，这将会在不同程度上削弱人的认知能力与适应能力，从而推迟人的社会化进程。

（3）感觉统合失调的行为特征。婴幼儿在早期会出现一些看似异常的行为，这就需要引起注意，因为这些不正常的行为往往孕育着感觉统合失调的隐患。感觉统合失调可以观察到的行为包括：

1）动作笨拙，不协调，较晚学会走路或常跌倒、绊到自己的脚；不喜欢别人的拥抱或触摸，不喜欢洗头、理发。

2）对刺激过度敏感，如进入人多的地方、光线强处会过度兴奋；有声音的情况下较不专心。

3）对感觉刺激的敏感度过低，对各种感觉刺激反应慢，甚至不太有感觉，所以当受伤跌倒发生时，也不会觉得痛，不会有反应。

4）坐椅子常会跌下来，或常将桌上的东西碰落到地上。

5）活动量过大，动个不停；或活动甚少，动作缓慢。

6）语言发展迟缓或口齿不清，精细动作协调性不佳。

但是上述特征并不表示智力发展不正常，所以不能随便给婴幼儿“贴”上标签，这些表现只能表示婴幼儿在某些方面发展迟缓。

（4）感觉统合失调的原因

1）缺乏关心。婴幼儿如果从出生起，除了每天的吃、喝、拉、撒，缺乏成人的陪伴和关心，往往在运动、协调能力、交往、智力等各方面都会较差。

2）缺乏锻炼。一些婴幼儿出生后深受宠爱，从小以抱为主，放手生怕摔跤，因此得到锻炼的机会很少。这可能导致婴幼儿运动能力发展迟缓，同时也就极有可能存在感觉统合问题。

3）训练不足。由于个别婴幼儿精细动作训练不足，导致婴幼儿空间能力、精细动作发展迟缓。有的孩子 10 个月大时就能用两个指头把地板上的一根头发捏起来，而有的孩子到了 15 个月左右却还不能做到。

为什么会有这么大的差异？一部分是先天遗传的差异，另一部分是后天培养不足。发展慢、先天略差的婴幼儿也会造成后天的训练不足，一般情况在父母的眼里，最先看到的是孩子最早发展起来的能力，结果优势的能力就给予更多的关注，能力的劣势方面关注得就少，得到锻炼的机会也少。所以，在婴幼儿的早期进行感觉统合练习时，首先要考虑动作的相互配合是否有问题，只有这样才可以预防感觉统合失调的发生。

2. 培养目标

保证婴幼儿成长过程中感觉协调性的发展，促进婴幼儿前庭器官的良好发育。

3. 改善婴幼儿感觉统合失调练习的原则

（1）适应性原则。鼓励诱导婴幼儿的各种行为，不限制婴幼儿的行动。如：3 岁之前不要限制婴幼儿吮手、咬毛巾被，因为吸吮有利于唇部运动，有利于语言的发展，但要保持手和毛巾被清洁。婴幼儿 4 岁之后，随着注意力开始指向外界，上述问题一般也会自行缓解。

（2）生活性原则。育婴师在日常生活中，要多抚摸婴幼儿、多抱多摇他，多和他们说话，与他们逗笑，愉悦他们的心情，增强婴幼儿通过语言整合感觉信息刺激的能力。

（3）激励性原则。为婴幼儿营造一个良好的环境，多表扬鼓励他们，增强他们的自信心和成就感。

4. 改善婴幼儿感觉统合失调练习的方法

（1）日常练习法

1）重视胎教。一般的观念认为，感觉统合失调多半是指较大的婴幼儿，但是其实从母亲怀孕就应该开始预防。在胎儿出现胎动时可以通过抚摸肚子等方式，传导对腹中胎儿的爱意，每天抽出时间跟胎儿谈谈心、讲讲故事、听听音乐，对于改善出生后感觉统合失调会有很大的帮助。

2）限制过多看电视。过多看电视也会导致感觉统合失调。因为在看电视时，婴幼儿往往只利用视觉、听觉信息来解决问题，其他感知觉方面得不到开发和利用。

3）在大自然中做游戏。过去的孩子经常在野外奔跑，感觉自然得到结合，根本不需要特别的训练，但现在由于居住条件和安全等原因，这种机会大大减少，因此需要多带婴幼儿到大自然中做游戏，提高适应性反应的能力。

4）多拥抱安抚。感觉统合的理论说明，婴幼儿哭了以后，成人故意不予理会、不抱他、不安慰他，婴幼儿的触觉发展可能会受影响，而且他们日后对于人与人之间的信赖度也会大打折扣。所以，婴幼儿哭闹时育婴师及时拥抱他们并给予适当的安抚有助于感觉统合发展。

（2）加强观察、及时就诊。特别要注意观察学步期的婴幼儿，如果有易受惊吓、肌肉张力太低、不喜欢被拥抱、躁动不安、易怒、动作发展较慢等现象，可能是感觉统合功能有障碍的讯息，应多加留意与关心，适当增加练习的机会。

如果发现婴幼儿可能有感觉统合的问题，最好带婴幼儿前往医院就诊，通过医师评估以了解是否感觉统合失调。有感觉功能障碍的婴幼儿，在接受感觉统合治疗后，绝大多数都能有所改善。

（3）生活游戏法。感觉统合失调与其他疾病的治疗过程不一样，感觉统合失调的治疗常常通过游戏来完成。因此，感觉统合失调的练习或预防可以通过生活游戏达到目的。感觉统合训练一般都要坚持 2 ~ 3 个月的时间，才会取得较好的效果。特别需要指出的是，任何一个婴幼儿都可以玩这些游戏，同样会对他们的成长发育产生积极的作用。

1）布陀螺（见图4—25）

【游戏方法】在床上，将婴幼儿放入毛巾被中，育婴师和另一位成人配合抓起毛巾被的四个角，轻轻地左右、左右、上下、上下摇动，顺时针转圈、逆时针转圈，这样每天练习几次，可以帮助孩子锻炼感觉平衡能力。

2）踩“石头”（见图4—26）

【游戏准备】准备好彩纸，把彩纸剪成圆形图案，散布在地上。另一头放置几个婴幼儿喜欢玩的玩具。

【游戏方法】和婴幼儿一起想像，地板是小湖，散布在上面的圆形纸片是湖面上的“石头”，只有踩着这些“石头”才能走到湖对面，拿到对面的宝贝（如婴幼儿喜欢的玩具）。

刚开始玩游戏时，育婴师可拉着婴幼儿的手一起玩，熟悉之后可让婴幼儿自己玩。

图4—25　布陀螺　　图4—26　踩“石头”

3）走直线（见图4—27）

图4—27　走直线

【游戏准备】在地上放一条带子。

【游戏方法】让婴幼儿沿着带子走。

这个游戏并不完全限定在室内，平日带婴幼儿上街时可以拉着他们的手，让婴幼儿沿着人行道的一条直线走；还可以在公园里用粉笔画一条直线让婴幼儿沿着直线走。在外面玩这个游戏的时候一定要注意安全，不能因为专心玩游戏而发生危险。

4）拍泡泡（见图4—28）。锻炼婴幼儿的反应能力、协调性，并且能完成复合动作。

图4—28　拍泡泡

【游戏准备】吹泡泡的玩具。

【游戏方法】育婴师在一片较开阔的地方吹肥皂泡泡，让婴幼儿奔跑着追逐、抓、挠肥皂泡泡。育婴师注意要把吹泡泡的位置吹得有高有低。

第3节　语言、感知与认知

一、婴幼儿语言能力

1. 语言的相关概念

语言是人类社会中客观存在的现象，是一种社会上约定俗成的符号系统。语言是以语音或字形为物质外壳，以词汇为建筑材料，以语法为结构规律而构成的体系。它是作为人类最重要的交际工具而产生和存在的。

2. 婴幼儿语言能力开发的重要作用

（1）能促进婴幼儿交往的发展。重视对婴幼儿的语言理解能力和语言表达能力的培养，就能促进他主动与成人、同龄人交往，能用语言进行交流与沟通，使之交往的范围不断扩大，交流的能力不断提高。

（2）能促进婴幼儿智能的发展。婴幼儿掌握了语言，就掌握了认识事物的工具，能促进婴幼儿的观察力、想像力、思维力、记忆力的发展。

（3）能促进婴幼儿社会性的发展。婴幼儿作为一个社会人，必须从小培养他的社会交往能力、独立生活能力，学会某些社会规则。婴幼儿语言的理解和语言的表达可以为今后走出家庭，步入社会，具有较强的社会适应力打下基础。

（4）能促进婴幼儿情感和良好个性的发展。情绪的良好发展是婴幼儿健康成长的重要标志之一。婴幼儿情绪外露多变，控制能力较差，而语言的发展，能培养婴幼儿表达情绪和控制情绪的能力，从而使婴幼儿具有健康积极的情绪情感。

3. 培养目标

（1）培养正确听音，能感知语言，模仿发音，说出词汇、句子。

（2）能倾听他人的说话，理解意思；学说普通话，并乐意用语言表达自己的意愿和情感。

（3）乐意听故事、看图书，有初步的欣赏和表述能力。

4. 语言能力开发的途径与活动

（1）语言能力开发的主要途径

1）日常生活中的语言练习。日常生活中语言的交流谈话是培养婴幼儿倾听、学习说话的最好手段之一。要利用日常生活中经常出现、经常重复的话语，经常练习巩固，使婴幼儿积累一定的语言基础，并加深对语言的理解。

首先，在日常生活中的各个环节，主动向婴幼儿介绍情况，以丰富他们的语言。在起床穿衣服时，教婴幼儿正确说出不同衣服的名称和颜色；在盥洗时教婴幼儿掌握盥洗用具的名称和盥洗动作；学会说出面部五官和身体各大部位的名称；进餐时教婴幼儿说出餐具名称、说说菜名；外出散步时，主动介绍能使婴幼儿理解的事物名称和简单的道理，丰富他们的词汇，如看到猫咪就对婴幼儿说：“这是猫咪”等等。

其次，抓住时机多和婴幼儿说话、对话。3岁之前婴幼儿说话的主动性差，但喜欢面对面说话，要利用各种方式进行对话，可把生活中有关的有趣事讲给他听，引起他说话的兴趣。如：你喜欢什么玩具？早饭吃的是什么？

最后，丰富婴幼儿的生活。要创造环境、利用环境，让婴幼儿增加接触周围自然界和社会生活的机会，引导他们多看、多听、多想和多说。同时要鼓励婴幼儿多与同龄孩子交往和交谈，这对于发展婴幼儿的口语能力，有很大的好处。

2）专门的语言练习。专门的语言练习是为婴幼儿提供机会，对他们在日常语言交际中获得的语言素材进行提炼和深化，达到对语言规则的理解，有意识地记忆和运用，包括学说普通话、谈话、讲述、早期阅读、欣赏文学作品等。

当婴儿2个月时与他说话，可发现其小嘴一动一动开始作出回答，这就是与婴儿之间对话的萌芽。

当婴儿6~7个月时开始认识周围事物起，育婴师要给他看各种景物，听各种声音，用语言告知其内容，给婴儿留下记忆。

当婴幼儿能理解成人说话的意思时，可用“模仿游戏”“命名游戏”等专门的语言练习方法进行学习和练习。

当婴幼儿会用语言表达和表述时，可通过活动和游戏的直觉形象作用于婴幼儿的视觉、听觉，激起他们想说话的愿望，并试图用词语来表达他们的感情。婴幼儿往往由于词汇少，很难表达正确，这时，育婴师就要随机进行指导，纠正他们不正确的发音和用语，更可以进行早期阅读和欣赏，帮助其语言的发展。

（2）语言能力开发的活动与游戏。游戏是婴幼儿非常喜爱的活动。除了培养婴幼儿智力，启迪婴幼儿的心灵以外，游戏活动还可以比较容易地把婴幼儿带到语言学习的活动中去，特别为那些胆怯和不爱说话的婴幼儿提供了语言锻炼的机会。

1）感知语言和练习发音

①多与婴幼儿说话。刚出生的婴儿虽然不能说话，却能感知语言，因此要给婴幼儿创设一个丰富的语言环境，要抓紧时机多和婴幼儿说话，不论其是否作出反应。当婴幼儿发出“咿呀”声时，也以同样声音作出回答。

【游戏名称】“找阿姨”（见图4—29）。

【适宜年龄】2个月以上。

【游戏方法】育婴师手拿一块花布或方巾，盖住自己的脸。“咦？阿姨不见啦！”移开花布或方巾：“哟！阿姨在这儿呢！哈哈哈！哈哈哈！”2~3个月的婴幼儿特别喜欢看人脸，可让婴儿在追寻育婴师的脸时，向不同方向转头活动，这样兴趣会更高。同时刺激婴儿感知语言，自动发出“a”“ma”“na”音。

图4—29 “找阿姨”

②及时应答。对着婴幼儿发不同的单音，如啊、嗷、呜等，重复发这些音以教婴幼儿发音。当婴幼儿自动发这些音后，要给予应答和适当的鼓励，如带有表情的赞扬、抚摸、拥抱等，使之感到兴奋、喜悦。

【游戏名称】搓搓唱唱。

【适宜年龄】3个月以上。

【游戏方法】育婴师边念儿歌边给婴幼儿按摩，顺序为：手—手臂—前胸—后背—双腿—脚底，同时应答婴幼儿的“咿呀”声，和他们一起发e，o，a，u的音，以引起婴幼儿的共鸣和呼应。

【附儿歌】

小手小手搓搓搓，小嘴小嘴唱唱唱，eee，ooo，aaa，uuu。

2）交流与谈话

①面对面说话。可以一起念儿歌、做游戏、交流。

【游戏名称】摇摇摇。

【适宜年龄】1岁左右。

【游戏方法】育婴师一面念儿歌，一面根据儿歌内容做相应动作。在摇摇手、弯弯腰中让孩子学说“手”“摇手”“摇摇手”“腰”“弯腰”“弯弯腰”等词语。

【附儿歌】

摇摇摇，啥会摇？摇摇摇，手会摇。东摇摇，西摇摇，摇摇手，手摇摇。弯弯弯，啥会弯？弯弯弯，手会弯，左弯弯，右弯弯，弯弯腰，腰弯弯。

②经常呼唤婴幼儿的名字。帮助其作出相应的反应。

【游戏名称】你问我答。

【适宜年龄】1岁以上。

【游戏方法】通过育婴师与婴幼儿之间的一问一答，发展婴幼儿的反应能力与表达能力。

【附】

你叫啥？叫一佳。你姓啥？我姓王，王一佳，就是我。反复向婴幼儿朗读，让他们熟悉自己的名字，逐步会跟着说“王”（姓）“一佳”（名），最后把姓名连起来说。

③模仿声调，进行发音。

【游戏名称】手指游戏。

【适宜年龄】8个月以上。

【游戏方法】让婴幼儿一边模仿学小鸡、小鸭的叫声，一边做手指游戏。

【附儿歌】

手指手指碰碰，做只小鸡，叽叽叽，叽叽叽；手心手背碰碰，做只小鸭，嘎嘎嘎，嘎嘎嘎；手指手指分开，做把小枪，砰砰砰，砰砰砰；手指手指捏紧，做只榔头，咚咚咚，咚咚咚。

④随机交流与谈话。育婴师边做事情边与婴幼儿交流自己正在做什么事情。例如，在晾婴幼儿衣物时可以说：“宝贝你看！我在晾宝宝的衣服！我在晾宝宝的手帕！”

3）倾听与理解。倾听是婴幼儿语言发展的重要条件，育婴师要采取正确的训练方法，对婴幼儿进行灵活多样的倾听能力培养。婴幼儿能注意听，在大量的语言刺激下积累词语，并与相应的物与事对应，就能提高对词语的理解能力。

①利用周围环境练习倾听能力。

【游戏名称】我的耳朵本领大。

【适宜年龄】1 岁以上。

【游戏方法】育婴师有意识地制造或播放一些声音，如汽车声、水声、撕纸声、动物的叫声等，让婴幼儿听后模仿这些声音，并分辨它们是什么东西发出来的。

育婴师让婴幼儿闭上眼睛，在不同的方向摇铃、拍手，然后让婴幼儿指出声音来自何方。

②游戏中练习倾听，帮助理解。

a. 听听猜猜。

【适宜年龄】1 岁半以上。

【游戏方法】育婴师利用铁质空饼干盒、空糖果盒 1 ~3 个，让婴幼儿拍打或者育婴师拍打，要婴幼儿辨别铁盒发出的不同声响。

还可以在空铁盒里放糖果、积木、弹珠，让婴幼儿自己摇晃或者育婴师摇晃，让他们听听不同的声响，猜猜盒子里面是什么东西。

b. 猜猜我是谁。

【适宜年龄】1 岁左右。

【游戏方法】育婴师亲切地呼唤婴幼儿的小名以及模仿小动物的叫声，训练婴幼儿区分熟人的声音和辨别小动物叫声的能力。

c. 宝宝在干啥。

【适宜年龄】1 岁半左右。

【游戏方法】育婴师和婴幼儿一起念儿歌，当听到象声词时，鼓励宝宝做出相应的动作。

【附儿歌】

嘀嘀嘀，叭叭叭，宝宝坐汽车；呜呜呜，呜呜呜，宝宝坐轮船；咔嚓嚓，咔嚓嚓，宝宝坐火车；嗡嗡嗡，嗡嗡嗡，宝宝坐飞机。

d. 小宝宝听仔细。

【适宜年龄】1 岁以上。

【游戏方法】育婴师发出指令，孩子按指令完成。育婴师说："小宝宝听仔细，摸摸沙发跑过来；小宝宝听仔细，摸摸椅子跑过来；小宝宝听仔细，摸摸冰箱跑过来；小宝宝听仔细，摸摸桌子跑过来"。结合游戏可以问问婴幼儿刚才摸的是什么，说出物品的名称。摸的东西可以是家具、日用品、玩具等，也可以扩展到户外的花、草、树、滑梯等。

4）欣赏与阅读。通过儿童文学作品的欣赏与阅读，在欣赏过程中能够使婴幼儿养成安静倾听的习惯，懂得一些简单的道理，掌握一些词句，积累文学欣赏的经验。

儿歌、故事是经过作家提炼加工的，富有具体、生动、形象和有节奏的特点，婴幼儿容易理解和接受。把儿歌和故事渗透到游戏中去，更能提高他们学习语言的兴趣，更容易理解词汇的意义。

【例一】

看图阅读“小鸟书”

大树上，好多小鸟在读书。有喳喳喳的，有叽叽叽的，有呀呀呀的，有嘀哩嘀哩的，有咕噜噜、咕噜噜的，也有不声不响看画儿的。

一颗树儿就是一本小鸟书，一片树叶就是一页小鸟书。

哎呀，那边有棵树儿叶子都黄了，瞧，那个长嘴巴的小鸟，正在认真读书呢：笃笃笃，笃笃笃，捉出一条大害虫……

【游戏提示】在识图阅读中让孩子感知画面，从小受到语言的刺激和美的熏陶。4个月的婴幼儿开始具有将一定的声音与某一事物相联系的意识，因此，在重复学习发“u”的语音时，将“书”直接对应。让婴幼儿会发不同的音：“喳”“叽”“呀”“咕噜噜”。

【例二】

好朋友

小鸡和小鸭是一对好朋友。

一天，小鸡和小鸭在草地上找小虫吃。小鸭扁扁的嘴巴，捉不到小虫，急得“嘎嘎嘎”直叫。小鸡尖尖的嘴巴啄到小虫，连忙送给小鸭吃。小鸭高兴地说：“谢谢小鸡，你是我的好朋友。”

小鸡和小鸭来到河边玩，小鸡一不小心掉进了小河里，小鸡不会游泳，急得“叽叽叽”直叫。小鸭“扑通”一声跳进小河，驼起小鸡游回岸边。小鸡高兴地说：“谢谢小鸭，你是我的好朋友。”

小鸡和小鸭，真是一对好朋友。

【游戏提示】听听故事，说说故事中有谁？小鸡怎么帮助小鸭？小鸭怎么帮助小鸡？学说“好朋友”。

【例三】

小蜗牛在哪里？

小蜗牛爬呀爬，爬累了。小狗说：“快到我耳朵里睡一会儿吧。”小蜗牛爬进小狗耳朵里，睡着了。

小狗跑呀跑，跑累了。袋鼠说：“快到我口袋里睡一会儿吧。”小狗跳进袋鼠口袋里，睡着了。

袋鼠跳呀跳，跳累了。小朋友说：“快到我这儿睡一会儿吧。”袋鼠跳到了小朋友的围嘴上，睡着了。

该吃饭了，蜗牛妈妈找不到小蜗牛，急得满街乱跑。小蜗牛在哪里？聪明的宝宝，你能告诉蜗牛妈妈吗？

【游戏提示】按故事发生的情节提出简单的问题，让孩子回答问题，同时回忆故事中的主要情节。小蜗牛爬累了，谁帮助了它？（小狗）；小狗跑累了，谁帮助了它？（袋鼠）；袋鼠跳累了，谁帮助了它？（小朋友）；蜗牛在哪里？让孩子学着说出句子："小蜗牛在小狗耳朵里""小狗在袋鼠口袋里""袋鼠在小朋友的围嘴上"。

【例四】

四季风

春天风儿轻轻吹，吹得身体暖洋洋。

夏天风儿慢慢吹，吹得身体热烘烘。

秋天风儿阵阵吹，吹得身体凉爽爽。

冬天风儿呼呼吹，吹得身体冷冰冰。

【游戏提示】让婴幼儿听听儿歌，学说"春天""夏天""秋天""冬天""轻轻""慢慢""阵阵""呼呼"等词语。

【例五】

下雨了

滴滴嗒，下雨啦，小宝宝，出门啦。

小雨鞋，穿好啦，小雨伞，打开啦。

伸出小手接小雨，哎呀，冰凉冰凉。

抬起头来看小雨，哎呀，冰凉冰凉。

伸出舌头舔小雨，哎呀，冰凉冰凉。

【游戏提示】这是一首富有生活情趣的儿歌，在下雨的日子带孩子们到雨中玩，念这首儿歌，可以增加孩子们对大自然的感受和兴趣，让孩子们学说"下雨""出门""穿好""打开""冰凉"等词语。

5. 育婴师语言素养的基本要求

（1）朗读和讲述的基本要求

1）会用普通话。朗读与讲述是用口头语言，准确生动地再现书面语言所表达的思想感情的表达形式，朗读不是朗诵。而讲述则是书面语的口语化表述。因此，朗读和讲述时要求音准调正、语言规范。

2）把握不同年龄的不同欣赏要求。不同年龄的婴幼儿，阅读重点不同。小年龄婴幼儿的重点是发音、节奏等；年龄稍大一些的重点是感知画面、理解故事；年龄再大一些的重点是掌握词语、句子，学着说出故事大意。

3）感情投入、有适度的动作表演。讲述中，可根据故事的情节升高或降低语调，表达出故事中不同角色的语音语气，如兔妈妈和小兔的不同语气，小熊、小猴、小鸡的不同语气，白雪公主和七个小矮人的不同语气等；选用象声词，如汽车“嘟嘟嘟”地开来了；变换不同的表情，把故事中人物的喜怒哀乐等情绪反映在脸上，并用眼神表演，使自己的情绪随情节的发展而变化，如讲到小兔伤心地哭了，要表现出伤心哭泣的样子。

4）善于集中婴幼儿的注意力。把婴幼儿放在适当的位置，把他抱在身上，或者让他独自坐在椅子上，让他集中注意力，能够更加清晰地感知语言的刺激。

讲故事、念儿歌时都要有意地集中婴幼儿的注意力，稳定情绪，使婴幼儿产生想听故事、想念儿歌的迫切愿望。

故事讲述时一般要先讲故事的名称，然后再缓慢地、完整地讲述故事。故事讲完后可采取自问自答的形式加深婴幼儿对故事情节的印象，慢慢引导婴幼儿跟着育婴师一起回答，直到会独立地回答问题。

教婴幼儿念儿歌一般包括示范朗读、理解内容、教读和练习三个环节。育婴师可以通过多种方法，如运用图片、情景表演、木偶（玩具）表演等形式帮助婴幼儿理解儿歌内容。教念儿歌开始时，育婴师较高声地念，孩子跟读，然后育婴师逐渐压低自己的声音，或只在重点句、难句带读一下即可。婴幼儿有时对儿歌中的个别词句不理解，只是随声附和、信口背诵，这是正常现象。

（2）早期阅读的基本要求

1）注意提高婴幼儿阅读的兴趣，建立起自觉阅读图书的良好习惯。目前我国出版印刷界有关读物五花八门，种类繁多，切不可“眉毛胡子一把抓”，而应根据婴幼儿的年龄特点和语言实际水平以及阅读的实际状况，有目的地引导婴幼儿进行早期阅读。

在家庭中布置一个图书角，用图书架或者图书盒（箱）装书，提供丰富的图书，并不断更换图书；提供充分的阅读时间，和婴幼儿共读，同时固定时段和固定时间，适时适宜地进行阅读。

2）为婴幼儿选择合适的阅读材料。选择图书首先要根据婴幼儿的年龄特点；其次选择的图书要注意主题单一、情节简单、篇幅要大、色彩鲜艳、形象真实准确；再次选择的图书纸张要厚一些、光滑一些，便于婴幼儿自己翻书，年龄小的婴幼儿可以提供布制的图书，婴幼儿阅读时会更安全。

为婴幼儿选择阅读材料时，可以先选择一张图片开始阅读，然后选择左右页为一幅的完整图案阅读，再选择左右页各为一幅的图案阅读，最后选择一页中上下为两幅的图案阅读。

3）引导婴幼儿从小爱惜图书，不撕书。

二、婴幼儿感知能力开发

1. 婴幼儿感知能力开发的范围

婴幼儿的感知主要是视、听、触、味、嗅等感觉，婴幼儿从出生开始每天通过这些途径进行学习，这是人的一切心理活动产生和发展的基础，也是智力发展的基础。

人的感知在大脑中都有相应的区域，如图 4—30 所示。

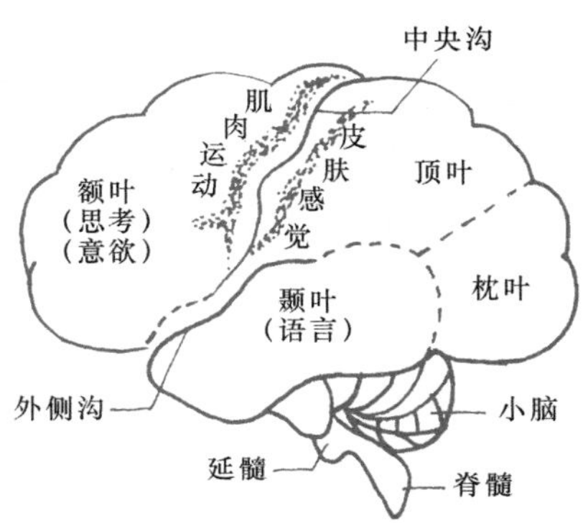

图 4—30　大脑感知的相应区域

（1）听觉辨别。这是指听觉的能力，如听觉敏锐力、听觉追踪能力、听觉记忆能力等。

（2）视觉辨别。这是指视觉的各种能力，如视觉的敏锐性、视觉追踪能力、颜色视觉、形象和背景识别能力等。

（3）触觉敏感度。这是指通过皮肤接触与触摸去感受质感、温度、形状等的能力。

（4）嗅觉与味觉敏感度。这是指通过口、鼻等感觉器官去感受味道和气味的能力。

（5）视觉与运动的协调性。这是指手眼协调与足眼协调，如剪贴、折纸，走、跑、跳等。

（6）本体感觉。本体感觉包括平衡感觉与运动感觉，指身体在不同情况下的平衡与身体在运动时的感受。

2. 婴幼儿感知能力开发的重要作用

（1）感知能力的发展在婴幼儿早期发展中占着主导的地位，是婴幼儿探索世界、认识自我过程的第一步。

（2）感知能力的发展是以后各种心理活动产生和发展的基础。

3. 培养目标

发展婴幼儿的感知能力，帮助他们积累各种感知经验。

4. 婴幼儿感知能力开发的原则

（1）多样性原则。环境的创设应该是自然、丰富多样的，以满足婴幼儿探索的需求。

（2）愉悦性原则。鼓励婴幼儿，让婴幼儿能始终在心情愉悦的状态下进行感知和练习。

（3）探索性原则。激励婴幼儿采用多种感官进行探索，以满足各种感官探索的需求以及感知能力的发展。

5. 婴幼儿感知能力开发的内容和方法

（1）听觉游戏

1）熟悉各种声音

【适宜年龄】0～12个月。

【游戏方法】在各种自然环境中进行。对婴幼儿，无论是在喂奶、洗澡还是换尿布时，都要用温柔、亲切、富有变化的语调告诉婴幼儿正在做什么。经常把婴幼儿抱起来，面对面地与他说话；当婴幼儿躺着的时候，以他为中心从不同的角度温柔地呼唤他的名字。

告诉婴幼儿家里的电话声、洗衣机的声音、闹钟的声音。带婴幼儿外出散步时，可指给他们听狗叫、鸟鸣、汽车的喇叭声等各种自然界的声音。

2）追踪声源游戏（见图4—31）

图4—31　追踪声源游戏

【适宜年龄】3～12个月。

【游戏时间】10 min左右。

【游戏方法】准备一些会发声、带响的玩具（如波浪鼓、八音盒、橡皮捏响玩具等），吸引婴幼儿转动头部和眼睛去寻找声源，转动角度最大可至180°。在婴幼儿会爬行以后，可以把会发声的玩具（如声光球、八音盒等）藏在隐蔽处，让婴幼儿根据声音，判断声源方向，把玩具找出来。

3）感知音乐

【适宜年龄】1～3岁。

【游戏方法】让婴幼儿仰面躺着，播放音乐给他听。随着音乐的节奏，要求婴幼儿上下移动他们的手臂，也可以随着慢节奏的音乐轻轻翻动婴幼儿的身体。育婴师还可以抱着婴幼儿轻轻哼唱、随着音乐舞蹈。

【建议】请注意音乐播放的音量，突发的高声音乐会吓着婴幼儿。

（2）视觉刺激游戏

1）视觉刺激（见图4—32）

【适宜年龄】0～6个月。

【游戏方法】

①剪出三角形、正方形、圆形等简单图形，悬挂在婴儿视力所及的范围内，逗引婴儿看。

②选择色彩鲜艳的物品，如小气球、花布头等，每天定时挂起来，间隔几天后更换品种。

2）追视活动（见图4—33）

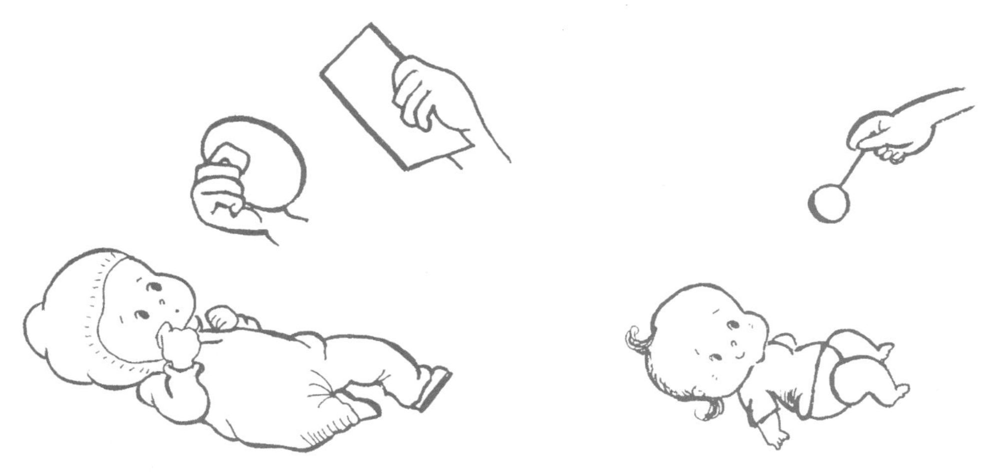

图4—32 视觉刺激游戏　　图4—33 追视活动游戏

【适宜年龄】3～12个月。

【游戏方法】育婴师手持一根系着红色小球（直径约10 cm）的缎带，放在婴儿眼前30 cm的地方，让婴儿能注视到这个红色小球，然后从左到右、从近到远或呈环形缓缓移动，让婴儿的视线能追随着小球。

在注视追随的过程中，婴儿会做出各种反应（如伸手去触摸或抓握、笑等），对此要给予鼓励。

3）看图画

【适宜年龄】3～12个月。

【游戏方法】选择图画或画报上颜色鲜艳、只有一个主题、版面大的画片，贴在墙上，抱着婴儿去看，并用语言告诉他画面的内容。

（3）触摸游戏

1）皮肤按摩

【适宜年龄】0～3岁。

按摩程序从头部开始，接着是脸、手臂和手、胸部、腹部、腿和脚，然后是背部。

2）接触自然。在家中，可以让婴幼儿触摸不同质地的日常物品。带婴幼儿外出时，让婴幼儿触摸柔嫩的花瓣、粗糙的树皮、树叶、磨砂的石柱、光滑的金属招牌、坚硬的石头；下雨时，可以让婴幼儿伸出小手去感受冰凉的雨点。

3）双人翻滚游戏（见图4—34）

图4—34　双人翻滚游戏

【适宜年龄】1～2岁。

【游戏方法】育婴师和婴幼儿一起躺在床上，并抱在一起滚动，或者育婴师可以趴在床上，将双脚伸直当障碍物，婴幼儿自行侧滚到育婴师身边，再滚过育婴师的身体。可角色互换，让育婴师轻滚过婴幼儿的身体。这样可以增加婴幼儿触觉神经的发展。

4）搓珠子游戏（见图4—35）

【适宜年龄】1～3岁。

【游戏方法】准备不同质地的珠子，如玻璃珠、木珠子、鹅卵石等。让婴幼儿坐在小椅子上，帮助他双脚不停地在装有珠子的盆内来回搓动。

【游戏提示】活动中要注意避免婴幼儿去咬、吞食这些珠子，如发现类似情况要及时阻止。

图4—35　搓珠子游戏

（4）平衡练习

1）“摇篮”游戏

【适宜年龄】6 个月 ~2 岁。

【游戏时间】2 min 左右。

【游戏方法】让婴幼儿俯趴在大浴巾或毛巾被上，头要抬起，育婴师和另一个成人站在两边，各拉起毛巾的两个角，前后左右协调一致地拉动，让婴幼儿有向前冲和向后退的感觉。平时还可以抱着婴幼儿转圈，或者让他去坐秋千。

活动宜安排在婴幼儿心情愉快的状态下进行，活动和游戏的时间不宜过长。注意观察婴幼儿的情绪反应，如出现恐惧、哭闹要及时停止游戏。

2）摇摇船

【适宜年龄】1 ~2.5 岁。

【游戏方法】婴幼儿躺在薄被中，育婴师抓住被子的两角，左右摇晃，每次 20 下或者用薄被横卷住他们的身体，轻推他们的身体，让他们来回滚动 10 下，再拉住被子的一边，让婴幼儿侧滚出来，如此动作反复进行。

游戏适宜在低矮的床上或铺有地毯的地上进行，需要做好相应的保护措施以免婴幼儿滚下床。

3）走小桥游戏（见图 4—36）

【适宜年龄】2 ~3 岁。

【游戏方法】用泡沫垫子叠起一定的高度，形成一个高低不平的“独木桥”。一般小桥的宽度在 35 cm 左右，高度在 10 cm 左右为宜。让婴幼儿赤脚在“小桥”上随意行走。

图 4—36 走小桥游戏

三、婴幼儿认知能力开发

1. 婴幼儿认知能力的范围

认知能力包括感知、观察、学习、记忆、思维、想像等多种能力。3 岁以前婴幼儿的认知能力主要是一种对环境和物质世界的适应能力。

2. 婴幼儿认知能力开发的意义

（1）婴幼儿认知能力的开发可以促进大脑结构的发育和功能的构建。

（2）婴幼儿认知能力的发展是日后能力、技能、情感、行为发展的基础。

3. 培养目标

通过适宜的游戏与丰富的环境促进早期婴幼儿认知能力的发展。

4. 婴幼儿认知能力开发的原则

（1）兴趣性原则。以游戏为载体，激发婴幼儿对认知活动的兴趣，促进认知能力的发展。

（2）多样性原则。开展多维度的认知游戏，发展婴幼儿的观察、记忆、思维、想像等多种能力。

5. 婴幼儿认知能力开发的内容与方法

（1）认识与指认物品

【游戏名称】认识身体各部位游戏。

【适宜年龄】6～18个月。

【游戏方法】

1）让婴幼儿在育婴师的身边躺下或坐在椅子上；育婴师指着自己的“眼睛”，说“眼睛”，然后再拿起婴幼儿的手指着育婴师的“眼睛”，说“眼睛”；接着握着他的手，指他的“眼睛”，说“眼睛”。依次指鼻子、耳朵和嘴，大一些的孩子可以指认手、胳膊、腿等，重复这样的游戏。

2）育婴师用手或毯子遮住身体的一个部位，问婴幼儿：“我的眼睛在哪里?”然后又突然打开来说：“哦，在这里!”可以变换不同的身体部位与婴幼儿玩这种游戏。

3）育婴师假扮老鹰，老鹰要咬婴幼儿的身体部位，婴幼儿必须将该部位遮起来，例如：老鹰咬耳朵，婴幼儿用手将耳朵遮住。

4）“点点飞”。育婴师用五官轻轻触碰婴幼儿的同样部位，如碰婴幼儿的鼻子，碰小嘴，碰小脸，碰到后，可将婴幼儿高高举起，或抱着转一圈。

【附儿歌】

宝宝，宝宝，碰碰鼻，点点飞，点点飞。

（2）认识日常用品与自然界的事物

1）认识动物。从图书中指出动物的名称，向婴幼儿描述这种动物发出的声音、爱吃什么东西等。向婴幼儿展示印有动物的图片，请他们讲出动物的名字，指出动物身体的各个部位，并让婴幼儿模仿动物的叫声。

2）认识生活用品与常吃食品。使用各种生活物品时，向婴幼儿介绍物品的名称与主要用途，如家用电器、食用器皿、各类家具等。经常带婴幼儿去超市，通过超市的分类摆放，有意识地让婴幼儿认识不同种类的物品。

①对应游戏

【适宜年龄】1岁左右。

【游戏准备】画有图案的卡片若干张，或从超市的广告画里剪下图片，制作成卡片，如气球、饼干、苹果、毛巾、牙刷、杯子等。

【游戏方法】给婴幼儿出示 2 ~4 张卡片，提问“哪些东西能吃？用什么洗脸？”等，或请婴幼儿听从育婴师的指令拿出相应的卡片。

②小眼睛真正灵

【适宜年龄】1 岁半以上。

【游戏准备】预先准备一些玩具水果或水果卡片放在桌面上，给婴幼儿一个小篮子或小口袋，玩买水果的游戏。

【游戏方法】婴幼儿说出水果的名称，说对了就可以把这种水果或水果卡片放到他的篮子里。否则，说得不对就买不到。直到他全部学会后把所有的水果都买去。

当婴幼儿知道了桌子上水果的名称以后，开始互换角色，让婴幼儿当卖者，育婴师当买者。育婴师可以故意说错水果名称，考察婴幼儿是否听得出来，能否及时做出纠正。

③认识自然现象。经常带婴幼儿外出，认识太阳和月亮，观察天空的各种变化，学习分辨白天和黑夜，观察下雨、下雪、刮风等，认识各种自然现象。

【游戏名称】晚上的天空。

【适宜年龄】1 岁半以上。

【游戏方法】在天气暖和，星星、月亮出来的晚上带婴幼儿散步，边散步边把晚上的特征告诉婴幼儿。

散步时，可向婴幼儿提问：“现在是晚上，与白天有什么不同啊？天黑了，你看天上有什么？马路上的灯怎么样了？家里的灯亮不亮？等会儿我们回家，宝宝该做什么了？”等，引导婴幼儿用自己的话说出儿歌内容。育婴师再把儿歌念给他听。

【附儿歌】

晚上

晚上，天黑了，月亮出来了，星星出来了。

晚上，天黑了，马路上的灯亮了，家里的灯也亮了。

晚上，静悄悄，宝宝睡觉了，小鸟也睡觉了。

此外，还可根据不同季节引导婴幼儿观察周围环境。如夏天时，听一听有什么声音，是什么动物在叫等。

④认识自己与家庭成员（见图 4—37）

【游戏方法】通过经常看婴幼儿成长相册，认识婴幼儿自己与父母的形象。2 岁以后可以渐渐了解婴幼儿家亲人之间的关系。

（3）记忆

1）藏玩具（见图 4—38）

图 4—37　认识自己与家庭成员游戏

图 4—38　藏玩具游戏

【适宜年龄】8 个月以上。

【游戏准备】在家中可经常创设这样的情境，引导婴幼儿去发现物品。物品可以用纸包着，也可以用布遮盖着，以此激起婴幼儿去寻找的欲望，锻炼记忆位置的能力。

【游戏方法】育婴师先将有趣的玩具让婴幼儿玩一会儿（如摇铃、不倒翁娃娃、彩球、玩具汽车、玩具娃娃、长毛绒玩具等）。然后当着婴幼儿的面，将玩具用布蒙起来或用纸盖住，再引诱婴幼儿去寻找，找到后要赞扬他，鼓励他再玩。

2）回家指路（见图 4—39）

【适宜年龄】1 ~3 岁。

【游戏准备】在带婴幼儿外出时，有意向婴幼儿指出自己家附近明显的标志物，如一颗大树、一个自行车车库等。

图 4—39　回家指路游戏

【游戏方法】育婴师在带婴幼儿外出回家时，走到离家 100 m 左右的地方（最好是在一个岔路口）问婴幼儿："宝宝的家在哪里？我们应该往哪里走？"

（4）数与空间

1）念数与认数。唱数与手口一致数数。婴幼儿在会说话后很快就能背出 1，2，3，……，10，但这不是对数字概念的理解，形成数的概念需要一个比较长的过程。而在接近 3 岁时，婴幼儿才开始学习识数，在日常的玩耍、散步或阅读时，育婴师要利用各种可点数的物品教婴幼儿手口一致点数，使他们逐渐形成数的概念。

【适宜年龄】2 ~ 3 岁。

【游戏方法】在婴幼儿的面前同时摆出 2 ~ 5 件活泼可爱的玩具，先拿出一件玩具，大声地数出"1"，并和剩下的多个进行比较，让婴幼儿渐渐形成"1"的概念。然后把玩具一次拿起一件，并大声地数出来；再一次拿起一件玩具放回桌子，同时也大声数出来。

2）认识"1"和"许多"。在自然有趣的情境中使婴幼儿会区别 1 个物体和许多个物体，并初步理解"1"和"许多"之间的关系，同时发展孩子的观察力、注意力和简单的归类能力。

【适宜年龄】3 岁左右。

【游戏方法】育婴师把一个苹果、一个娃娃、一只小熊、许多梨或许多辆小汽车，以及许多书等物品放在桌上，请婴幼儿看，并提问："苹果有几个？""小汽车有多少辆？"让婴幼儿找出哪些东西是一个？哪些东西是许多个？或者提问："哪些东西是一个，请你找出来？"请婴幼儿找出哪些物品是"1"，再找出哪些物品是许多。要求他们一边拿物品，一边用语言表达，如“我拿了一个苹果”“我拿了一个娃娃”“我拿了许多梨”等。

游戏可更换不同的物品，如根据情况请婴幼儿在室内找一找，哪些东西是一个，哪些东西是许多个，如一张桌子，许多把椅子，一台电冰箱，许多张CD盘等。在此基础上，带婴幼儿到自然环境中寻找，在户外找“1”和“许多”。

3）套筒游戏（见图4—40）。玩具“小套筒”是婴幼儿爱玩而又有意义的玩具，套筒从大到小有很多层，而且每一层的颜色都不相同。

图4—40　套筒游戏

【适宜年龄】1～3岁。

【游戏方法】教婴幼儿打开套筒，再把它们一个个套起来；或将套筒叠起来；或将小的放进大的套筒内；还可教婴幼儿识别哪个大哪个小，数数和辨认颜色等。

4）方位游戏

【适宜年龄】1～3岁。

【游戏方法】在和婴幼儿玩的过程中，育婴师有意识地叫婴幼儿把某一玩具放在××上面或××下面，把某样东西放在××里面或拿到××的外面，使婴幼儿初步理解这些位置的意义。例如，可以找一个大的塑料碗，让婴幼儿看如何将塑料勺、塑料杯、拨浪鼓、色彩鲜艳的布片等放进碗里，而后又逐一拿出，同时告诉他“放进里面，拿到外面”。

5）2～4片的拼图游戏（见图4—41）。玩拼图游戏，必须让婴幼儿从简单的拼图玩起。

例如：画好一个苹果后，剪成2～3块让婴幼儿来拼，随着婴幼儿的兴趣与认知水平的提高，逐渐过渡到4块、5块……拼图可以用废旧的年历、广告画片等制作。

（5）比较与匹配

图 4—41　拼图游戏

1）比大小。育婴师在日常生活中找些形状一样，大小不同的实物，特别是婴幼儿经常接触的物品让婴幼儿辨别大小，比如吃苹果时，用不同的苹果比较，教婴幼儿认识哪个是大的，哪个是小的。

【适宜年龄】2 ~3 岁。

【游戏方法】提供一套玩具，其中包括汽车、娃娃、熊、积木，每样玩具大小各一个。让婴幼儿讲出物品的名称后，引导婴幼儿找出相同类别的玩具，然后对每组物品分别进行比较，区分大的和小的，如：大的给爸爸，小的给自己；或大的给宝宝，小的给妈妈。最后，请婴幼儿把玩具全部放进玩具橱里。

2）长与短

【适宜年龄】2 ~3 岁。

【游戏方法】长和短也是一对简单的对比概念，这一概念可以在实际生活中用一些实物让婴幼儿进行辨别。比如玩具中的两根小棒或者两支笔都可让婴幼儿学习分辨长短，还可以让婴幼儿分辨画出的线条的长短以及衣服的长短等。

3）比较简单的图形

【适宜年龄】1 ~3 岁。

【游戏准备】准备几个颜色、大小不同的几何图形。但图形最好是简单的圆形、三角形、方形和长方形。婴幼儿对一些较复杂的图形还不能很好地掌握，所以游戏时要注意不要全部呈现，要求过高。找一些镶嵌及投空的玩具，如形状拼板、镶嵌积木（小屋）。

【游戏方法】首先可以教婴幼儿识别这些形状的名称，然后育婴师说出一个图形的名称后，说“给我一个圆形”“找一个三角形”等，就由婴幼儿挑选一个图形。然后教婴幼儿自己命名这些图形，即育婴师指着某一图形问“这是什么形状?”由婴幼儿回答，可以用他们的语言命名。

教婴幼儿按顺时针方向，用食指探索形状拼板或镶嵌积木里图形的形状及框架内缘的轮廓，感受不同的形状。告诉婴幼儿每个几何图形的名称，并指认生活中属于这种形状的物品。

最后鼓励婴幼儿把“宝贝”（各种形状）放回到形状拼板（见图 4—42）、镶嵌积木（小屋）里去。

图 4—42　形状拼板

4）辨认颜色

【适宜年龄】1 ~ 3 岁。

【游戏方法】13 ~ 18 个月的婴幼儿已经对色彩较敏感，能辨认 2 ~ 3 种不同的颜色，但不知道颜色的名称。育婴师在各类活动过程中要不断引导婴幼儿，丰富他们对颜色的认识。

一般而言，育婴师不要急于要求婴幼儿按指令找颜色，而是根据婴幼儿的兴趣，在他们摆弄物品时，适时地告诉他们物品的颜色、名称。在为婴幼儿添置新玩具时可结合颜色进行对答，带婴幼儿外出时、谈话时也要涉及各种颜色。

5）匹配游戏。在日常生活中，可经常找一些有关联的事物让婴幼儿观察，以培养婴幼儿的观察力，并能根据事物或物体的图案、颜色来配对，进行匹配游戏。

①它爱吃什么

【适宜年龄】2 ~ 3 岁。

【游戏方法】准备小狗、小兔、小猫动物图片和骨头、大萝卜、小鱼的图片，把这些图片分成两行排列，然后问婴幼儿：“小狗最爱吃什么？小兔最爱吃什么？”启发婴幼儿根据这些动物的习性把食物和动物对应起来。

②找朋友（见图 4—43）

【适宜年龄】2 岁以上。

【游戏方法】收集 3 ~4 套成套的小手套、小袜子的彩色图片，剪下贴在硬纸板上，也可以用实物手套或袜子。

先选择每套中的一个集中在一起，随意摆放在桌上。同时另外选一只小手套和一只小袜子给婴幼儿，引导婴幼儿在桌上的小手套、小袜子里找出相同的另一只。

把所有的小手套、小袜子放在一起，要求婴幼儿找出相同的两只。育婴师和婴幼儿采用相互比赛的方法，比一比，谁找得多，谁找得快。

图 4—43 找朋友游戏

第 4 节 情感和社会性

一、良好的情绪情感和社会性行为培养的基础

1. 情绪情感和社会性行为的概念和特点

（1）概念

1）情绪。情绪是婴幼儿需求是否得到满足的一种心理和生理反应。

2）情感。情感是人对客观事物的态度和内心体验。

3）社会性行为。婴幼儿对他人所表现的行为，称为社会性行为。社会性行为与单个行为相对应。

（2）情绪情感

1）情绪的基本种类。婴幼儿先天具有情绪反应能力，其基本情绪大约为8～10种，如愉快、兴趣、惊奇、厌恶、痛苦、愤怒、惧怕、悲伤等，每种具体情绪都有不同的内部体验和外部表现，而且各有不同的适应功能。

2）情绪的运动模式。情绪表达有面部肌肉运动模式（面部表情）、声调和身体姿态三种形式。

3）积极情绪的意义。保持积极的情绪对婴幼儿有重要意义，当婴幼儿大发脾气（愤怒）时，育婴师应认识到婴幼儿也需要适当的进行情绪宣泄，因此，可以考虑采取三种处理办法：保持中立态度，即育婴师不表示态度，也没有批评；给婴幼儿换个环境，通过环境的改变转移他们的情绪；育婴师暂时回避，不正面冲突等。

4）积极情绪与消极情绪。那些能够带来幸福向上的感受，促使主体与他人建立良好关系的情绪状态是积极情绪，如快乐、爱、欣喜等。相反，那些不能使人感到幸福，使人与人之间的关系趋于紧张的情绪状态是消极情绪，如害怕、沮丧、愤怒、悲哀等。

5）情绪与情感。情绪出现较早，大多与人的生理性需要相联系。情感出现较晚，大多与人的社会性需要相联系。婴儿一出生，就有哭、笑的情绪表现，这多和喂哺、温暖、排泄、睡眠等生理需要相关。情感是随着婴幼儿心智的不断成熟和社会认知的不断发展而产生的，多与求知、交往、艺术陶冶等社会性需要有关。

情绪具有情境性和暂时性，情感则具有深刻性和稳定性。情绪常由身边的事物所引起，也会因场合的改变或事物的转换而变化，因此经常会看到婴幼儿眼泪还在脸上又咧嘴欢笑了。情感可以说是在多次情绪体验的基础上形成的稳定的态度体验，如对师长的尊敬和对亲人的爱，可能会终生不变。

情绪具有冲动性和明显的外部表现，情感则比较内隐。如婴幼儿在情绪左右下常常不能自控，高兴时手舞足蹈，郁闷时垂头丧气，愤怒时又会暴跳如雷。情感更多的是内心的体验，深沉而久远，不轻易流露出来。

（3）社会性行为

1）社会性行为主要表现为理解与交流的能力、向他人学习的能力、合作的能力等。社会性行为教育的核心就是培养婴幼儿初步的社会交往能力，也有人称之为人际交往智能。

2）育婴师对婴幼儿社会性行为养成的作用。对婴幼儿来说，最经常、最主要的接触者就是父母和同伴。生活中的照料人和婴幼儿之间的关系，在很大程度上会影响到婴幼儿今后人际关系的形成。因为婴幼儿在与照料人的交往中，会学到大量的社会行为规范，形成许多社会行为。因此，照料人言传身教至关重要。包括与人分享、谦让团结、友爱相处、关心帮助他人等等，以及在照料人所创设环境的影响下，让婴幼儿学会参与交往、主动交往，并学会解决交往中的矛盾、冲突，使交往能顺利进行，从而掌握初步的交往技能，积累初步的交往经验。

3）同伴关系对婴幼儿社会性行为的影响。婴幼儿早期同伴交往有助于促进婴幼儿社交技能及策略的获得。婴幼儿在与同伴的交往过程中，逐步学习社交技能，不断学习并调整自己的社交行为，逐步发展、丰富自己的社交策略；同时，促进婴幼儿社交行为向着友好、积极的方向发展。婴幼儿同伴交往有助于促使婴幼儿做出更多积极、友好的社会行为，而降低、减少其消极、不友好的行为。

2. 良好的情绪情感和社会性行为的意义和目标

（1）良好的情绪情感培养

1）良好的情绪情感培养的意义。积极良好的情绪不仅能使婴幼儿大脑的智力活动保持良好的状态，而且还能使婴幼儿心理保持健康。其对婴幼儿身心发展的作用具体表现为以下几个功能：

①适应性价值。良好的情绪情感是婴幼儿适应社会生存的重要心理工具。婴幼儿先天就具有情绪反应的能力，从而使它成为早期婴幼儿适应生存的首要心理承担者。所有日常所见的情绪反应现象都是婴幼儿的适应方式。通过情绪信息在母婴之间传递，婴幼儿才能从成人那里获得最恰当的哺育。例如，新生儿的哭声反映身体的疼痛、饥饿和寒冷，呼唤成人对他的注意、照顾与抚慰，消除那些有害的危险刺激。

②驱动作用。良好的情绪情感是婴幼儿心理活动的激发者。情绪是激活婴幼儿心理活动和行为的驱动力。情绪直接指导着婴幼儿的行为，驱动、促使其去做某种行为或不去做某种行为。例如，婴幼儿在愉快的情绪下，做什么事都积极，乐于学习，愿意听话。

③组织功能。良好的情绪情感推动、组织婴幼儿的认知加工过程。情绪情感对婴幼儿的认知活动也起着推动、促进、抑制、延缓的作用。不同情绪对认知等活动起着不同的作用。与婴幼儿愉快情绪相联系的人和物，如电动小熊打鼓、生日蛋糕及送这些礼物的人、与人有关的事，婴幼儿很快就能记住，且能记很久，不易混淆。

④人际交流功能。良好的情绪情感是婴幼儿人际交往的有力手段。情绪是婴幼儿进行人际交流的重要手段，具有服务于人际交流的通信职能。通过与成人情感性的应答，婴幼儿与成人进行信息交流，相互了解，引起与成人的交往，或者维持、调整交往。婴幼儿在掌握语言之前，主要是以表情作为交际的工具。

2）良好的情绪情感培养的目标。让婴幼儿感受爱，在日常生活中保持愉悦的情绪状态，并通过有选择的活动与游戏体验来培养积极的情绪情感。

3）良好情绪情感培养的要点。育婴师要做到动作轻柔、言语温和、笑容亲切、应答及时。比如当婴幼儿哭闹不止时，首先了解婴幼儿的生理需求是否满足，如饿了、尿布湿了等；其次要进一步利用手测、体温计判断是否是病理性原因，如发烧、腹痛等，如排除上述情况后继续哭闹，则应把他抱起，进行抚慰，在整个过程中始终保持温和的态度，并注意用语言和婴幼儿交流。

（2）良好社会性行为培养

1）良好社会性行为培养的意义

①培养婴幼儿社会交往能力是智力开发的重要内容。

②社会交往能力是婴幼儿适应社会、全面认识社会的基础。

③良好的人际关系能促进婴幼儿身心的健康发展，使他们成为身心健康、积极愉快的人。

2）良好社会性行为培养的目标。让婴幼儿感受周围人的关爱，建立稳定的亲子依恋关系，培养婴幼儿社会交往的意识和能力。

3）良好社会性行为培养的要点

①应有足够的、积极的、支持性的亲子交往，育婴师利用一切时机与婴幼儿进行目光、肢体或言语交流。

②给婴幼儿充足的与其他成人交往的机会，帮助他们建立对周围人的亲近感、信任感，对周围环境和事件的可控制感。

③积极创造婴幼儿与同伴交往的机会，如邻里串门等，支持、帮助他们在与同伴主动的交往（包括冲突）中学习人际交往的能力，建立平等、互助、友爱的人际关系。

④在日常生活、游戏和各种活动中，自然而随机地培养婴幼儿的人际交往能力。

二、良好的情绪情感和社会性行为培养的途径与方法

1. 途径和方法

（1）满足合理需求。当婴幼儿提出某种要求时，会以哭闹的形式表现出来。只要有可能，育婴师就要立刻停下手中的事，去关注婴幼儿的行为，为婴幼儿提供适当的帮助，让他们感受到别人对他的尊重从而学会尊重别人。

（2）建立亲密感情。育婴师与婴幼儿之间亲密融洽的关系是开展工作的基础，同时也应意识到父母在婴幼儿成长中不可替代的作用，培育母婴依恋亲情。

首先，让婴幼儿喜欢育婴师。通过多搂抱、多抚摩、多对视、多说话、多逗笑、多游戏的方式，让婴幼儿充分感受到一种爱意，增加爱抚和情感交流的机会，而不能用恐怖的表情和语言吓唬他们，更不能冷落他们，严禁打骂婴幼儿。

其次，让婴幼儿喜欢父母。母亲是婴幼儿的主要抚养者，在婴幼儿心理的全面发展中起着积极、重要的作用；同时，父亲也是婴幼儿积极情感满足的源泉，是婴幼儿重要的依恋对象。引导婴幼儿认识父母的特征、喜好和所从事的工作等，可以帮助增进亲子感情。

（3）丰富生活环境。首先，通过向婴幼儿提供实物、色彩、图案、符号、听音乐、念儿歌、讲故事和动手操作的机会，为婴幼儿选用适宜的智力游戏。

其次，用育婴师的热情态度和友好气氛去感染婴幼儿，训练婴幼儿与成人一起游戏，鼓励婴幼儿与同伴交往，帮助婴幼儿克服害羞怕生情绪，培养婴幼儿的沟通能力，学会慢慢适应陌生的人和环境。

再次，正确对待婴幼儿的依恋，如出现过度依恋的情况，应采取一定措施进行改善。

2. 家庭环境的利用

（1）良好情绪情感培养

1）育婴师把婴幼儿母亲的声音录成音带（故事等），以便母亲不在时帮助平复婴幼儿的情绪。

2）提供丰富多彩的活动材料和器具。例如：响环、能滚的彩色球、积木、复合形状盒、玩沙小工具、娃娃、叠杯、图画书（线条简单、色彩鲜明）、玩具车、拉着走的动物玩具等都有利于积极情绪的培养和智力的开发。

3）在购买或准备玩具时，注意玩具的使用方法，以免让婴幼儿受到惊吓或损伤听力。

（2）良好社会性行为培养

1）给婴幼儿创造充满爱、规则稳定的家庭环境。

2）提供婴幼儿能够与同伴一起玩的玩具，如积木、图书、水盆等，并注意安排一起玩的机会。

3）鼓励、激发婴幼儿主动表达、沟通的愿望和能力。

3. 活动、游戏及其操作方法

（1）感受关爱

1）对眼睛（见图4—44）。这个游戏能够让婴儿模仿表情，增进亲密关系，增强婴儿心灵健康成长所必需的免疫力。注意操作时目光交流，温柔地注视。有些新生儿不喜欢玩这个游戏，就不必勉强。

【适宜年龄】新生儿。

【环境创设】当新生儿处于安静觉醒状态时，距离新生儿的面部约20～25 cm，并让新生儿直接注视到育婴师的脸。

【游戏方法】育婴师尽可能地伸出舌头，慢慢地重复伸出舌头，1次持续时间20 s，共6～8次，然后停止。

图4—44　对眼睛游戏

【可能的反应】如果婴幼儿继续看着育婴师的脸，常常可能在嘴里移动他的舌头。开始时，朝着一侧面颊移动，大约20～30 s后，舌头将慢慢出现在嘴边；最后，有的婴儿能很快将舌头伸向嘴外。

2）亲一亲

【适宜年龄】9～12个月。

【游戏准备】照片。

【游戏方法】育婴师给婴儿看照片，说一说照片上的妈妈在做什么："宝宝，这是谁啊？咦，妈妈在亲宝宝，宝宝笑啦！"育婴师可亲吻婴儿身上的不同部位，育婴师也可边念儿歌《亲一亲》，边抚摩婴儿身上不同部位。游戏反复进行。

【附】

亲一亲

亲亲宝宝，亲亲宝宝，宝宝哈哈笑。

亲亲爸爸，亲亲爸爸，爸爸哈哈笑。

亲亲妈妈，亲亲妈妈，妈妈哈哈笑。

3）看不见的妈妈讲故事。在听故事的同时，感受到妈妈的爱意，减少婴幼儿和母亲分离的痛苦，加深亲子接触。

【适宜年龄】1.5～3岁。

【游戏准备】事先由母亲用自己的声音录制故事或儿歌音带，如能录成影像带则更好。

【游戏方法】在妈妈上班期间，由育婴师放给婴幼儿听。

（2）寻找快乐

1）逗笑。在日常生活中，育婴师可用多种方法逗引婴儿发笑，使婴儿体验快乐。

【适宜年龄】0～12 个月。

【游戏方法】

①举高高。双手扶婴儿的腋下，把婴儿往上举过头顶，婴儿会因此而兴奋起来，能将他们逗得哈哈大笑。

②挠痒痒。把婴儿平放在床上，育婴师轻轻触动婴儿的易痒处，如触一触脚心等，同时，发出“咯吱、咯吱”的逗笑声，婴儿会乐得扭动身子，开心地大笑。

2）娃娃吹泡泡。此年龄段婴幼儿手眼协调能力急剧增进，已逐步学会许多基本动作的技能，对美工活动也较感兴趣。鼓励婴幼儿学习简单的技能，获得满足感。

【适宜年龄】19～24 个月。

【游戏准备】彩色纸剪成的圆圈、各种大小不同的瓶盖、彩色小皱纸、印泥、吹泡泡的工具、胶水、擦手的毛巾、画有娃娃的美工纸。

【游戏方法】在户外，育婴师可与婴幼儿一起做，由育婴师吹泡泡，婴幼儿观赏并追泡泡。回到家里，引导婴幼儿为娃娃贴上或画上各种泡泡，如用彩色圆圈纸贴、用大小不一的瓶盖沾上印泥印、或用皱纸捏成小团贴成各种泡泡。

【游戏提示】活动中如果发现婴幼儿能力较强，应立即给予肯定，并鼓励他用多种材料做丰富画面；如果婴幼儿技能一般，育婴师可根据他的能力选择材料，并鼓励他尝试其他材料；如果婴幼儿动作慢，可作适当的示范，并与他一起做，引发他的兴趣。作品完成后可鼓励婴幼儿张贴展示，让他在达成目标后有满足感和自豪感。

3）“美丽的链子”。25～36 个月的婴幼儿手指动作日趋灵活，让婴幼儿学会穿珠子（4～8 颗），促进婴幼儿手指动作和智力在不同水平上的发展，培养成功感。

【适宜年龄】25～36 个月。

【游戏准备】各种颜色、形状的珠子，自制的塑料珠子，各式纽扣、绳（电线或各种材料的绳子）。

【游戏方法】带婴幼儿欣赏各种材料（如木珠、塑料管、纽扣等）制成的链子，激发他制作的愿望。为婴幼儿提供不同难度的材料（如木珠、塑料管、纽扣等），供其自由选择、摆弄。引导婴幼儿自由选择材料穿成链子。在制作中，材料可以混用。若婴幼儿已把 4～8 颗珠子穿在一起，育婴师即可把它结成链子，并自己戴上，载歌载舞，以祝贺婴幼儿的成功。可鼓励婴幼儿多做一些，以赠送给同伴。活动结束时，与婴幼儿一起把材料整理好。

（3）关爱他人

1）“这是我的脸”。在婴儿清醒愉悦状态，认识并熟悉育婴师的脸有利于良好教养关系的形成。

【适宜年龄】1个月左右。

【游戏方法】育婴师可靠近婴儿20 cm处，让婴儿能看到脸庞，然后育婴师慢慢离去。这样反复几次，每次10 min左右。游戏时，育婴师还可以加上“啊，啊”的声音，或说：“这是我的脸。”

2）“我是可爱的娃娃”。对育婴师产生兴趣，乐意模仿，体验友好、微笑、拥抱的愉快情绪。

【适宜年龄】13～18个月。

【游戏准备】婴幼儿喜爱的玩具和食品。

【游戏方法】育婴师和婴幼儿一起玩“躲猫猫”的游戏，以引起婴幼儿愉快的情绪，激发婴幼儿产生乐意对成人微笑、拥抱、亲吻的情感。鼓励婴幼儿将自己喜爱的东西赠予他人。

游戏开始时，育婴师可以先和婴幼儿交换玩具玩。然后有意向他们提出要玩其手中的玩具，并观察他们的反应，看他们是否会把手中的玩具给育婴师。

育婴师还可以和婴幼儿一起吃食品，先将自己手中的食品给婴幼儿吃，然后引导婴幼儿将其手中的食品给育婴师吃，并观察他们的反应，看他们是否乐意，活动始终在宽松的氛围中进行（可伴有音乐）。

3）“喂娃娃吃饭”。发展婴幼儿小肌肉动作的同时，也培养婴幼儿的同情心和爱心。

【适宜年龄】1.5～3岁。

【游戏准备】雪碧瓶或盒子、小勺、米。

【游戏方法】将雪碧瓶挖一个洞做娃娃的嘴，将雪碧瓶贴上眼睛、鼻子，告诉婴幼儿娃娃饿了，请他给娃娃喂饭。

【游戏提示】注意不要让婴幼儿把细小物品放入自己口中。

（4）交往

1）“逗笑”。越早出现逗笑的婴儿越聪明。通过成人逗笑，让婴儿在快乐情绪中，提高各个器官的感受能力，促进灵敏反应。

【适宜年龄】第1个月。

【环境创设】日常生活中。

【游戏方法】从出院第一天起，育婴师要有意识地经常逗引婴儿笑，通过逗引，感受与成人的互动，体验快乐的情绪。这是婴儿第一个学习的条件反射。

2）“照镜子”（见图4—45）。增进亲子感情，认识自我。

【适宜年龄】第4个月。

图 4—45 “照镜子”游戏

【游戏准备】镜子。

【游戏方法】拉着婴儿的手摸育婴师的耳朵、摸育婴师的脸，边拍边告诉他“这是阿姨的脸”，然后发出“咩咩”好玩的声音，使他们高兴，并对育婴师的脸感兴趣。然后，和婴儿同时照镜子，看他们的反应。

3）“认识父母”。增进亲子感情，理解基本词汇的含义。

【适宜年龄】第 6 个月。

【环境创设】日常生活中。

【游戏方法】当爸爸回家时，育婴师对婴儿说：“爸爸回来了。”引导婴儿将视线转向爸爸，当看到妈妈时，育婴师说：“妈妈来了！妈妈来了！”引导婴儿将视线转向妈妈，并要求妈妈抱抱。

4）“喜欢育婴师”。育婴师首次进入家庭，应当尽早让婴幼儿认识、喜欢。

【适宜年龄】任何年龄。

【活动方法】育婴师以富有亲和力的微笑和注视给婴幼儿以安全感；通过身体接触如亲吻、抚拍等，逐步消除婴幼儿的陌生感；能够呼唤婴幼儿的乳名，清晰而温和地同他讲话；会运用手边的玩具或食物诱导他接受自己。

（5）分享

1）“小小送货员”。让婴幼儿愿意把自己喜欢的物品送给别人，及时鼓励引导婴幼儿愿意和大家一起分享好吃的食物或开心的事。

【适宜年龄】1. 5 ~3 岁。

【游戏准备】卡片或食物（仿真玩具）、小动物的家。

【游戏方法】婴幼儿和育婴师作为送货员，边念儿歌边把食物送到小动物家。婴幼儿送对了，给予鼓励，说："宝宝真棒!"游戏内容可更换，比如用成人（爸爸、妈妈）代替小动物，用食物代替玩具或水果。还可引导婴幼儿说一句话，如"爸爸喜欢汽车，汽车送给爸爸"。

【附】

送给谁

小兔爱吃萝卜，
萝卜送给小兔。
小猫爱吃鱼儿，
鱼儿送给小猫。
小狗爱吃肉骨头，
肉骨头送给小狗。

2）"快乐的鱼"。通过游戏让婴幼儿知道有同伴、有朋友的快乐。

【适宜年龄】2~3岁。

【游戏方法】和婴幼儿一起学习儿歌，和婴幼儿一起随儿歌自编动作表演。如说"一条鱼"时可一只手伸出食指，另一只手叉腰；"水里游"双手可放身体两侧做鱼鳍摆动，也可放身体后面做鱼尾摆动，脚可在原地做小碎步，也可离开原地跑动起来，动作可以不一样，尽量鼓励他们创编。在"摇摇尾巴点点头"时两人要高兴地对看，表现出与同伴交流的愉快，唱"快快乐乐做朋友"时三个人可一起拉拉手，也可拥抱等。

【游戏提示】几个婴幼儿一起做效果会更好，没有其他人时，育婴师、家里其他成员一起进行。

【附儿歌】

快乐的鱼

一条小鱼水里游，
孤孤单单在发愁。
两条小鱼水里游，
摇摇尾巴点点头。
三条小鱼水里游，
快快乐乐做朋友。

3）"我有一个幸福的家"。让婴幼儿体会家人的关爱并学着在力所能及的范围内关爱他人。

【适宜年龄】2~3岁。

【游戏准备】全家照、日常生活用品等。

【游戏方法】将有全家成员的照片挂在婴幼儿经常走动的地方，并可时时更换，客人来了可引导婴幼儿给客人讲述。

平时注意引导婴幼儿感知家人对他的关爱，从简单的生活小事（买菜、做饭、洗衣、打扫卫生……）到感受深刻的事情（过生日、外出旅游、买心爱玩具和衣服、生病时家人的关怀）。

启发婴幼儿用自己微薄的力量关爱家人，做力所能及的事，给家人带来幸福快乐。如：自己能做的事情自己做（穿衣服、脱衣服）；为父母亲或长辈做力所能及的事情（拿拖鞋、递眼镜、递报纸）；在家庭中承担一些工作（摆放碗筷、给花浇水、洗小手绢）等。

【附儿歌】

我有一个幸福的家

我有一个幸福的家，
有爸爸、有妈妈，
爸爸妈妈很爱我，
我爱爸爸和妈妈。
大家相亲又相爱，
快快乐乐笑哈哈。

【游戏提示】儿歌中的家人可随实际成员的变化随时改变。

（6）合作

1）“乘飞机”。婴幼儿与成人一起玩游戏，体验合作。

【适宜年龄】8～24个月。

【游戏方法】让婴幼儿骑在育婴师的肩膀上，育婴师抓住婴儿的手说：“请客人坐好，飞机马上就要起飞了。”然后在原地转儿圈说：“北京到了，请客人下飞机。”

【游戏提示】注意安全，婴幼儿感到惊恐时就必须停止。

2）“模仿镜”。体验相对的左右方位，促进动作模仿能力。

【适宜年龄】2岁以上。

【游戏准备】穿衣镜一面。

【游戏方法】育婴师、婴幼儿均面对镜子，做出各种动作。

让婴幼儿面对育婴师，同样做动作，育婴师当镜子做出与婴幼儿相反的动作。轮到婴幼儿做镜子时，要模仿育婴师的动作。

【游戏提示】注意观察婴幼儿是否发现镜子里自己的左右手位置和真正的自己的左右

手位置正好相反，观察婴幼儿在做模仿动作时，是否会注意用相同位置的手脚。如果婴幼儿做错了，不要指责，只要提醒他就可以了。

3）“我的好帮手”。通过游戏增进语言理解、记忆能力，学习合作的方法。

【适宜年龄】1～3 岁。

【环境创设】准备一些家庭中的日常用品。

【游戏方法】开始是单一指令，即一次只让婴幼儿做一件事，如要求婴幼儿帮忙拿拖鞋、拿杯子、拿报纸等。当婴幼儿已经能够正确反应单一指令后，让他们帮忙做家务事时，再开始给予两个以上的指令，如到红色桌上拿杯子。

【游戏提示】注意观察婴幼儿听了指令后，是否能正确反应，做出正确的行为。发出指令时，要避免用命令语句，记得说声“请”，或先夸奖一下。当婴幼儿完成了任务，不要忘了表达谢意。